Zoom
ズーム

Slack
スラック

Teams
チームズ

テレワークに
役立つ教科書

岡田真一
Shinichi OKADA

本書に関するお問い合わせ

この度は小社書籍をご購入いただき誠にありがとうございます。小社では本書の内容に関するご質問を受け付けております。本書を読み進めていただきます中で、ご不明な箇所がございましたらお問い合わせください。なお、ご質問の前に小社Webサイトで「正誤情報」をご確認ください。最新の正誤情報を下記Webページに掲載しております。

本書のサポートページ　　https://isbn2.sbcr.jp/08040

上記ページのサポート情報にある「正誤情報」のリンクをクリックしてください。
なお、正誤情報がない場合、リンクは用意されていません。

ご質問送付先
ご質問については、下記のいずれかの方法をご利用ください。

Webページより
上記サポートページ内にある「お問い合わせ」をクリックしていただき、ページ内の「書籍の内容について」をクリックすると、メールフォームが開きます。要綱に従ってご質問をご記入の上、送信してください。

郵送
郵送の場合は下記までお願いいたします。
　〒106-0032
　東京都港区六本木2-4-5
　SBクリエイティブ 読者サポート係

はじめに

「明日からテレワークで作業をしてください」

勤めている会社からこう言われたらあなたはどうしますか？　「何が必要なの？」「テレワークってどんなアプリを導入するべき？」「アプリの操作がわからない」「テレワークで困ったことがあるけど対策がわからない」といった声がよく聞かれます。本書は、そんな声を解決できるように企画しました。

2020年の新型コロナウイルスにより、テレワークという働き方は日本中で一気に広がりました。しかし、急なテレワークへの移行は、準備の段階からわからないことが多いのが現実でした。

そこで、本書は自宅などで一人でテレワークを行うときに、困らないで進めてもらえるように構成しています。前半のPart 1では、テレワークを行うのに必要な基礎知識から、実際にやってみて困ったことの解決方法、テレワークをスムーズに進められた便利ワザを紹介しています。ただ解説するのではなく、Q＆A方式で「こういう場合は、こうするのがよいでしょう」といった効果的な方法を、イラストや画像を使ってわかりやすく紹介しています。

後半のPart 2では、ZoomやMicrosoft Temas、Slackといった、テレワークで使われている主なツールの使い方を紹介しています。ビデオ会議やビジネスチャット、ファイルの共有や共同編集をするクラウドサービスについて、手順どおり操作すれば、スムーズに使いこなせるように解説しています。

皆さんのテレワークでの働き方が、少しでも快適になることに、本書がお役に立てれば幸いです。

2020年9月
岡田真一

本書の使い方

Part 1

① Q&Aの番号を通しで表示しているので、目次から番号で探すことができます。

② Qのタイトルで、自分の疑問や目的と照らし合わせて探すことができます。

③ Qに対する解説です。Qに対する具体例や解決までを導くように紹介しています。

④ 図やイラストを用いて、視覚的にわかりやすく解説をしています。

⑤ 実際の画面画像で、操作しながら照らし合わすことができます

⑥ Qに対する答えをAとして載せています。また、Part 2のどこを見ればよいのかわかるように参照先のページを載せています。

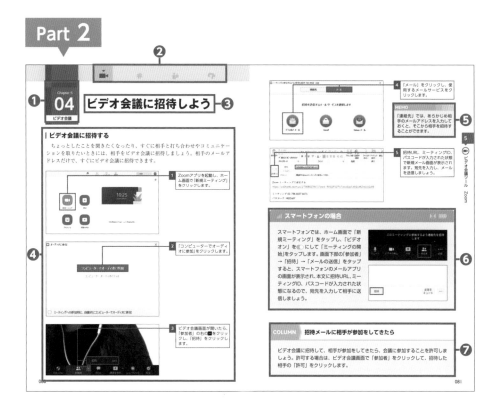

❶ 各ツールの章を01から順に読んでいくことで、ツールの操作の流れがわかりやすくなっています。

❷ 現在開いてるページが何のツールの操作なのか、アイコンで表示しています。

❸ 開いてるページでは何の操作の解説を行っているのか、タイトルで表示しています。

❹ 実際のアプリの操作手順を、アプリの画面を用いてわかりやすく紹介しています。手順の番号どおりに操作するので、操作がわからないという疑問を解決します。

❺ 操作以外でのアドバイス項目をMEMOとして紹介しています。

❻ パソコンだけではなく、スマートフォンの操作も解説しています。

❼ 操作手順だけでは解決できないような応用テクニックをコラムとして紹介しています。

本書利用のご注意

- 本書では、2020年9月現在の情報に基づき、Zoom、Slack、Microsoft Teams、Dropbox、OneDriveについての解説を行っております。
- 各ツールの機能、サービス、操作方法は、機能の拡張やセキュリティ対策のために頻繁にアップデートされ、変更されます。そのため、本書に掲載の画面や操作と変更されていることがあります。あらかじめご了承ください。
- 本書はWindows 10のバージョン2004（May 2020 Update）がインストールされたパソコンの画面で掲載しています。
- パソコンがインターネットに接続されていることを前提にしています。

CONTENTS

CONTENTS

CONTENTS

Chapter 3 ビジネスチャットの基本・困った対策・便利ワザ

CONTENTS

CONTENTS

Chapter 7 コラボレーションツール　Microsoft Teams

Chapter 8　ファイル共有や共同編集に役立つクラウドストレージ

Part 1

みんなが体験してわかった

テレワークの基本・困った解決・便利ワザ

2019年4月1日より、働き方改革関連法案の一部が施行されることになり、日本中の大企業および中小企業にとって重要な経営課題となりました。厚生労働省によると、『「働き方改革」とは、働く人々が、個々の事情に応じた多様で柔軟な働き方を、自分で「選択」できるようにするための改革』と定義付けています。しかし、会社に出社して仕事をするのが当たり前だった日本ではなかなか普及が進みませんでした。

ところが、コロナウイルス拡大による2020年4月7日の緊急事態宣言をきっかけに、急激にテレワークという働き方が日本中に浸透しました。しかし、急ピッチなテレワークへの変更は、多くの人が混乱し、企業側の体制や部署（チーム）のメンバー間のコミュニケーションの不足、顧客や外部協力企業との連携など、さまざまな問題が出てきました。

本書では、「自分がテレワークをするなんて考えもしなかった」という人が、実際にテレワークを通じてわかったこと、必要な環境や困ったこと、便利だったり効率化できたりしたことなどを紹介していきます。

そして、テレワークで使うビデオ会議ツール、ビジネスチャットツール、ファイル共有や共同編集が行えるツールで解決できることや、便利な使い方についての意見、よりテレワークを快適に行えるテクニックなども紹介します。

私の場合、フリーのアプリ開発エンジニアをしていますが、実際にテレワークを続けてきたことで、ビデオ会議やチャットツールを活用してわかってきたことがあります。また、はじめてテレワークをした人たちの意見も踏まえた、困ったことや便利ワザを、テレワークをこれからはじめる方への手助けとして紹介します。

本書では、在宅ワークをする側、つまり各種ツールや機材を使う社員の立場に立って、解説を進めていくので、きっと納得感が得られることでしょう。

Chapter 1

テレワークをはじめる
基本知識と必要な準備

Q01 テレワークはどんな働き方？

テレワーク（リモートワーク）は、パソコンや通信回線を利用して、会社以外の場所で仕事をすることで、「tele（離れた所）」と「work（働く）」の造語です。現在では、在宅ワークを指すことが多いですが、定義上ではオフィス以外の外出先で仕事をすることをテレワークと呼んでいます。なお、自宅で仕事をすることを「在宅勤務」、外出先で仕事をすることを「モバイルワーク」と呼んで分けることもあります。

場所を選ばず仕事ができることで、育児などで出勤が難しい従業員が自分に合った働き方ができるようになり、企業側もオフィスの規模の縮小などのコストダウンをすることが可能になります。また、通勤時の満員電車などの交通緩和なども期待されています。

2020年の新型コロナウイルス対策で一気に広がりましたが、働きやすさの選択肢として定着することが期待されています。通信を使って仕事ができるので、外国など遠隔に住んでいる人の雇用や、地方在住の従業員の転勤を減らすこともできます。

●自宅で仕事ができるテレワーク

●交通機関の乱れの緩和

●遠隔や地方在住の従業員の雇用

> A 自宅などオフィス以外で仕事をする働き方です。

Q02 テレワークに必要な機材や環境は?

自宅でテレワークを行うには、パソコンとインターネット接続環境が必要になります。ネットに接続することで、仕事仲間と、遠隔でビデオ会議を行ったり、作業を共有することができます。

ビデオ会議をする場合は、パソコンに映像用のWebカメラや音声用のマイクとスピーカーが必要になります。ノートパソコンでは搭載されている機種もありますが、搭載していない場合は用意しましょう。音声用はヘッドセットでもかまいません。

そして、パソコンにはOfficeアプリやビデオ会議・ビジネスチャットができるツールの導入が必須です。仕事のデータをやり取りするクラウド環境も利用できるようにしておく必要があります。

●テレワークに必要な機材の例

| パソコン | インターネット接続環境
(Wi-Fi含む) | Webカメラ | マイク
(ヘッドセット) |

A パソコンやネット通信環境などが必要です。

COLUMN　モバイル機器は必要?

仕事用に使えるスマートフォンやタブレットがあると便利です。とくにスマートフォンは、外出先で作業する場合に、スマートフォンのテザリング機能でノートパソコンをインターネットに接続することができます。モバイル通信ができるタブレットでも同じです(P.23参照)。

また、ビデオ会議やビジネスチャットのツールはアプリ版もあるので、自宅にWebカメラやマイクがない場合に、スマートフォンやタブレットから利用することもできます。ただし、ビデオ会議は通信データ量が多くなることに注意してください。個人の機器では、通信料金をどうするかなどを会社側と話し合っておきましょう。

ᵠ03 テレワークをするときに会社側の準備は？

いざ、「私の会社でもテレワークをする」となったとき、会社側にも従業員がテレワークをしやすいように対応をしてもらう必要があります。

自宅にパソコンやインターネット回線がない場合には、仕事用のパソコンやモバイルWi-Fiルータなどの貸し出しをしてもらえるかを確認します。ビデオ会議をするために必要なWebカメラやマイク（ヘッドセット）も一緒に貸し出してもらえるとよいでしょう。会社で決まったテレワーク用のツールがあるなら、それらもセットアップしてもらいましょう。

また、テレワーク中の勤怠管理についても話し合っておきましょう。たとえば、仕事の開始と終了時にチャットやメールで上司に連絡するなどです。同時に残業などの時間外勤務については就業規則に従って、どうすればよいか確認をしておきましょう。

そのほかにも、自宅での仕事となるので、通信費や光熱費についても確認しておくべきでしょう。自己負担になるのか会社が負担してくれるのかなど、会社の就業規則と合わせて話し合っておくとよいでしょう。

●パソコンなどの備品の支給

●テレワーク用の勤怠管理システム導入

A テレワークがしやすい環境を会社側と決めておきます。

Q04 家からのネット通信環境はどうすればよい？

自宅でテレワークを行う場合、ネットの通信環境が悪いとデータの送信／受信のやり取りに時間がかかったり、ビデオ会議中に音声や映像が途切れ途切れになり、大事な話が聞き取れない／伝わらなかったり、といったことが起こります。できるだけ安定した高速な固定回線を用意できるとベストです。

月々のネット回線の通信料金との相談になると思いますが、高速な固定回線としては光回線やCATVのネット接続サービスがあります。各通信会社によって、さまざまなプランがあるので、よく吟味して検討しましょう。住んでいるのが一軒家なのか集合住宅なのかによってもプランが変わります。また、集合住宅では、建物への回線を複数の住居人で使っていることもあるので、回線が混み合っているときには通信が遅くなる傾向があります。

●FLET'S光

https://flets.com/

●So-net光プラス

https://www.so-net.ne.jp/access/hikari/collabo/

●SoftBank光

https://www.softbank.jp/ybb/special/sbhikari-01/

●NURO光

https://www.nuro.jp/hikari/

A できるだけ高速な固定回線がお勧めです。

Q05 モバイル回線でもテレワークはできるの？

自宅には固定回線のインターネット環境がないので、パソコンを用意してもテレワークができない。そんな理由でテレワークを諦めるのは早いです。携帯電話会社が提供しているモバイル回線にパソコンを接続すれば、データのやり取りやビデオ会議ができます。パソコンを接続するには、モバイル回線を契約したモバイルWi-Fiルータを使うか、スマートフォンのテザリング機能を使います。テザリング接続とは、パソコンをスマートフォン経由でネット接続する機能です。

モバイルWi-Fiルータは、携帯ショップや家電量販店で購入し、携帯電話会社のモバイル回線と契約して使います。モバイル回線では、通信データ量の制限がある契約が多く、データ量の制限を超えると通信速度の制限がかかるので、契約プランをよく確認しておきましょう。

スマートフォンのテザリング接続は、携帯電話会社との契約でテザリング機能を有効にすればすぐに使えて手軽です。ただ、契約しているデータ通信量を超えると通信速度の制限がかかるので、契約プランをよく確認しましょう。

モバイル回線は、カフェや公園などの外出先でもネット接続できるのが便利なところです。しかし、通信データ量が大きなビデオ会議や大容量のファイルのやり取りをすると、すぐにデータ通信量の制限に達してしまうことがあることには注意をしておきましょう。

●モバイルWi-Fiルータ

●スマートフォンのテザリング

A モバイルWi-Fiルータやスマホのテザリング機能でできますが、通信データ量には気をつけましょう。

スマートフォンのテザリング機能を使ってパソコンをインターネットに接続する場合、まずスマートフォン側でテザリング機能をオンにする必要があります。iPhoneの場合は、設定アプリで「モバイル通信」→「インターネット共有」をタップして、「ほかの人の接続を許可」をオンにします。「"Wi-Fiのパスワード"」をタップすることで、テザリングのパスワードを変更できます。Androidの場合は、設定アプリで「ネットワークとインターネット」→「テザリング」をタップして、オンにします。「Wi-Fiテザリング設定」をタップすると、SSID（接続機器名）とパスワードを変更できます。

スマートフォンのテザリングをオンにした状態でパソコンを起動します。画面右下のタスクバーの通知領域にある （ネットワークアイコン）をクリックして、テザリングするスマートフォンの名前やSSIDをクリックし、設定したパスワードを入力すると、テザリングを使ってパソコンをインターネットに接続することができます。なお、契約している通信会社によってはテザリング機能を申し込む必要があるので、確認してから使いましょう。

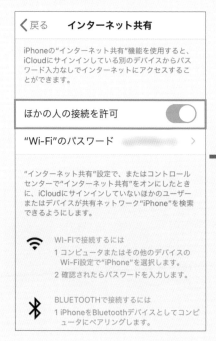

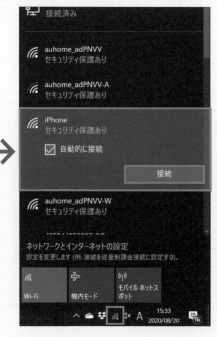

スマートフォン側でテザリング機能をオンにします（上記画面はiOS 14のiPhone）。

パソコン側でテザリングをオンにしたスマートフォンに接続し、パスワードを入力します。

テレワークをはじめる基本知識と必要な準備

ᵠ06 ネット回線のセキュリティで注意することは？

現在では、自宅内のネット回線やモバイル回線とパソコンは、ケーブルで接続するよりも、Wi-Fi（無線LAN）で接続することが多いでしょう。Wi-Fiで接続する場合にはセキュリティに注意してください。テレワークは仕事なので、社外秘の資料データや顧客情報などが流出しないように、セキュリティ対策はしっかりとしておく必要があります。

とくに自宅のWi-Fi環境は、会社側ではセキュリティ対策を行うことができないので、自分で設定する必要があります。簡単に行える対策として、接続時のSSID（接続機器名）とパスワード設定は行っておきましょう（前ページのコラム参照）。Wi-Fiルータの設定は、取り扱い説明書で確認するか、メーカーや契約している通信回線業者に問い合わせましょう。

また、会社で、暗号化通信ができるVPN（Virtual Private Network）回線が用意されているなら、VPN接続を、会社の回線担当の人に設定してもらいましょう。VPN回線でしか、社内のデータにアクセスできない会社もあります。

なお、外出先のカフェやお店などのフリー Wi-Fiに接続して仕事のデータをやり取りするのは危険です。フリー Wi-Fiはその名の通り誰でも接続できる回線なので、通信の安全性が確保されていないことが多いのです。通信するデータの内容を第三者が見ることができるので、仕事のデータをやり取りするテレワークでは、フリー Wi-Fiは使わないようにするのがよいでしょう。

●パスワード設定されたWi-Fiに接続

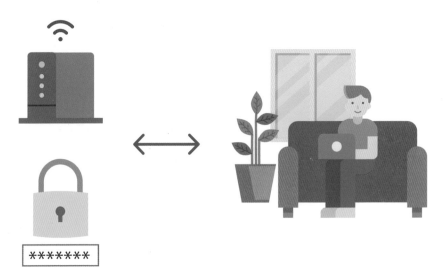

A	最低限、パスワード設定がされたWi-Fi回線につなぎましょう。

^Q07　家族と共用パソコンでも大丈夫なの？

「家にあるパソコンは家族みんなで使ってるけど、テレワークでも使いたい」と考えている人は多いと思います。もちろん問題ありません。テレワークのために新しいパソコンを買う必要はありません。しかし、家族共用であるが故の問題点があります。

まず、ユーザーアカウントの区別です。仕事用と家族用でパソコンのユーザーアカウントは分けましょう。ユーザーアカウントを分けると、「パソコン内にユーザーアカウントごとに専用のフォルダーを持つことができる」「ユーザーアカウントごとにパソコンの設定を変更できる」などの利点があります。とくにパソコンに仕事用の設定が必要なときには、家族に設定を変更されると業務に影響が出ることがあります。

次に、仕事用のファイルは、クラウドストレージやVPN接続した社内のファイルサーバーに保存しましょう。家族とはいえ、社外秘のデータや顧客情報などは見られてはいけないものです。ユーザーアカウントを分けて、家族が接続できないクラウドストレージなどを利用しましょう。

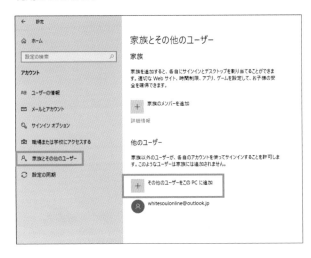

Windowsの設定画面から、「アカウント」→「家族とその他のユーザー」→「その他のユーザーをこのPCに追加」をクリックすることで、仕事用のアカウントをパソコンに追加できます。

WindowsではローカルアカウントとMicrosoftアカウントを追加できます。ローカルアカウントはそのパソコンでのみ利用でき、インターネットに接続していなくても作成できるアカウントです。Microsoftアカウントは、メールやOneDriveのMicrosoftのサービスを利用するのにも使え、Teamsでも利用することができます。自分のテレワークの環境に合わせて設定しますが、会社側でアカウント設定に決まりがあるなら、情報システム部などの担当者に確認してから設定しましょう。

> **A** パソコンのユーザーアカウントを分け、家族が見られないクラウドストレージにファイルを保存しましょう。

 Zoomの場合は
▶P.--参照

 Slackの場合は
▶P.--参照

 Teamsの場合は
▶P.--参照

 クラウドの場合は
▶P.212参照

1
？
テレワークをはじめる基本知識と必要な準備

^Q08　テレワークに使うツールはどんなもの？

テレワークをこれからはじめる場合、「どんなツールを導入すればよいの？」と思う人は多いでしょう。社員同士の連絡に、メールよりも気軽にコミュニケーションができるビジネスチャットツールや、メンバーや顧客とオンラインで会議ができるビデオ会議ツールは必須です。ほかにも、勤怠管理やチームタスク管理ができるツールなど、さまざまなツールがあります。

ビジネスチャットやビデオ会議のツールは、基本的には相手との連絡ができないと意味がありませんので、会社で決めたツールだったり、取引先相手の指定したツールだったりを使うことになります。勤怠管理やチームタスク管理のツールも、会社で指定されたものを使うことになります。

また、チーム内や外部の顧客とファイルデータのやり取りをする際は、クラウドのストレージサービスを使うと効率的にデータ共有できます。さらに、共同編集といった作業もスムーズに行えます。利用できるクラウドストレージについても、会社で指定されることが多いでしょう。

本書のPart 2では、数多くのツールの中から、多くの人がテレワークで利用しているビデオ会議ツールのZoom、ビジネスチャットツールのSlack、コラボレーションツールのMicrosoft Teamsの使い方を紹介しています。また、データファイルを共有したり、共同編集できるクラウドストレージについても解説していきます。

●本書で紹介するツール

Zoom　　　Slack　　　Teams　　　Dropbox　　　OneDrive

A　ビデオ会議ツールやチャットツール、クラウドストレージです。

 Zoomの場合は
▶P.069参照

 Slackの場合は
▶P.107参照

 Teamsの場合は
▶P.157参照

 クラウドの場合は
▶P.207参照

Q09 仕事のオン／オフが切り替えられない

「家で作業していると、仕事が終わっても仕事が続いているような感覚が抜けず落ち着かない」「プライベートが基本の自室で仕事をしようとしても、すぐに気が緩んでしまい作業が捗らない」といった、オン／オフの切り替えができなくてストレスになるという話はよく聞きます。通勤という時間から解放されたのはよいのですが、プライベートな場所で仕事をするので、家にいてもリラックスできなくなってしまうのです。逆に、リラックスできる空間であるがために、仕事に集中できなくなることもあります。

仕事のオン／オフをしっかり切り替えられるかどうかは個人によるので、自分に合った対策を見つけられるとよいでしょう。「仕事をはじめる前に服を着替える」「休憩時間には天気がよければ外に出て日光を浴びる」「通勤時間がなくなったからといって、睡眠時間をずらさない」「仕事をする部屋（空間）を分ける」といった、自分なりの切り替えの方法を考えましょう。仕事の時間だけでなく、起床時間や食事、散歩の時間といった決まったルーティンで生活するといった、実践してみて自分に合う方法を探すのがよいでしょう。

仕事前に着替える　　　　　休憩中に日光を浴びる　　　　　睡眠時間の調整

A　オン／オフを切り替えられる生活習慣を心掛けましょう。

COLUMN　快適にテレワークを行う住環境

自宅でテレワークをするうえで、住環境は非常に重要です。環境が整っているのと整っていないのとでは、仕事のモチベーションや効率に大きく影響を及ぼします。まず机ですが、当然ですが自分の背の高さにあったものを選びましょう。また、机が狭いとパソコンを置いただけで机がいっぱいになってしまうので、ある程度広い天板の机があるとよいでしょう。

次に椅子です。長時間座って仕事をするデスクワークでは、椅子選びは非常に重要です。背もたれや座椅子部分が自分に合わせて沈むタイプは腰を痛めにくく、長時間座っていてもそこまで疲れを感じないでしょう。どうしても固い椅子しかない場合は、クッションを使うのもよいでしょう。座椅子部分だけでなく、背もたれにもクッションを入れると、腰や背中へのダメージを減らすことができます。

最後に照明です。昼間は明るいので問題ないかもしれませんが、夜間での作業の場合、照明はとても大切です。部屋の天井のライトだけではパソコンの手元までカバーできないことが多いため、デスクライトを用意しておくとよいでしょう。また、デスクライトならビデオ会議をしたとき、顔が明るく映るので、相手に好印象を与えるでしょう。

オフィスチェアは腕掛けも付いており、疲れにくいです。

机はパソコン以外にも物を置くスペースがあるくらいの広さがあると便利です。

夜間での作業時などは、デスクライトを使って目を疲れさせないようにしましょう。

ビデオ会議の基本・
困った対策・便利ワザ

Q10 ビデオ会議ツールの選択と導入方法は？

テレワークで会議や打ち合わせに使うのがビデオ会議ツールです。コロナ禍で話題になったZoomなど、パソコンのアプリやWebブラウザーから手軽に利用できるクラウドのビデオ会議ツールが多数登場し、広く利用されるようになりました。ツールによって違いますが、1対1から数十人、ときには100人以上が同時に接続して、相手の顔を見ながら話ができるのでとても便利なツールです。

ツールの選択は、基本的には会社やチームで決めたものや、顧客側などの相手が指定したものを使うことになります。参考までに、本書で紹介しているツールのビデオ会議機能の特徴を、下記に簡単にまとめておきます。

各ツールは、パソコン用のアプリだけでなく、Webブラウザーからも利用でき、スマートフォンのアプリ版もあります。本書ではパソコン用のアプリをメインに解説しますが、スマートフォンからの利用についても触れていきます。

◆ 本書で紹介するツールのビデオ会議機能の特徴

Zoom	Slack	Teams
ビデオ会議機能が主体のツールです。Zoomのアカウントを持っていない相手であっても招待して、ビデオ会議ができます。ビデオ通話の動作が軽く、大人数でのビデオ会議でも快適に利用できます。	ビジネスチャット機能が主体のツールですが、ビデオ通話機能も用意されています。ビデオ通話機能はシンプルで、直感的に使えるツールです。ほかのツールとの連携機能が多く、SlackからZoomを使ってビデオ会議をすることもできます。	ビデオ会議やビジネスチャットができるMicrosoftのコラボレーションツールです。Officeアプリなどを部署で導入しているなら、Teamsを追加して、すぐにメンバーとビデオ会議が行えます。大人数での会議にも対応しています。

◆ ビデオ会議ツールが導入できる端末

 パソコンでは、アプリとWebブラウザーから利用できます。

 スマートフォンやタブレット用のアプリもあります。

A 会社やチームの指示、相手の希望に合わせてツールを選択し、パソコンやスマートフォンにアプリをインストールしましょう。

 Zoomの場合は ▶P.070参照　 Slackの場合は ▶P.108参照　 Teamsの場合は ▶P.158参照　 クラウドの場合は ▶P.ーー参照

Q11 カメラとマイクは用意する必要があるの？

ビデオ会議には、パソコンに映像用のWebカメラと音声用のマイク／スピーカー（ヘッドセット）が必要です。最近のノートパソコンでは標準搭載されている機種が多いようですが、搭載されていないなら購入する必要があります。Webカメラやヘッドセットは、USB接続のものが導入しやすいので、検討してみましょう。

◆カメラとマイクの付随

パソコンにカメ
ラやマイクが付
随しているなら、
用意する必要は
ありません。

パソコンにカメ
ラやマイクが付
随していない場
合は、USB接続
できるWebカメ
ラやヘッドセッ
トを用意しま
しょう。

> A　パソコンに搭載されていない場合は用意しましょう。

Q12 ビデオ会議用のアカウントは必要なの？

Zoomなどでは、招待されたビデオ会議に参加するだけなら、ユーザーアカウントを作る必要はありません。しかし、ビデオ会議の主催者として相手を招待する側になるには、ユーザーアカウントを作成・登録する必要があります。テレワークをするなら、アカウントは作っておくとよいでしょう。

◆アカウントを作成する

Zoomへようこそ

こんにちは、suz***@***.com。アカウントが作成されました。続けるには氏名を入力してパスワードを作成してください。

鈴木

ひろみ

●●●●●●●●

Zoomの場合は、自分が主催者としてビデオ会議するには、アカウントが必要です。

> A　ビデオ会議に相手を招待するには必要なので、登録しましょう。

 Zoomの場合は
▶P.071参照

 Slackの場合は
▶P.112、116参照

 Teamsの場合は
▶P.158、162参照

 クラウドの場合は
▶P.ーー参照

Q13 ビデオ会議に参加するには？

ビデオ会議に招待されるときには、アクセス先のURLと会議の日付が記載された招待メールが送られてくるか、ビデオ会議ツールの呼び出し通知が表示されます。招待メールなら、その時間にアクセス先のURLをクリックすれば、Webブラウザーかアプリで参加できます。アプリの通知の場合は、応答すれば参加できます。アプリによっては、リンクをクリックしたあとに「参加」の項目をクリックする必要があります。また、参加したら招待者がビデオ会議への参加を許可すると会議が始まります。

◆ビデオ会議の参加

招待メールが送られてきた場合は、記載されているリンクをクリックしましょう。

「参加」の項目をクリックするとビデオ会議に参加できます。また、アプリによっては、会議に参加する前に音声のテストをすることもできます。

A 招待メールのURLや、ツールの通知から参加しましょう。

 Zoomの場合は ▶P.082参照

 Slackの場合は ▶P.146参照

 Teamsの場合は ▶P.188参照

 クラウドの場合は ▶P.－－参照

Q14 ビデオ会議に相手を招待するには？

自分がホストになって相手をビデオ会議に招待する場合は、会議に参加する人や日時を指定した招待メールを送ります。すぐに会議をはじめたい場合は、ビデオ会議ツールのアプリで相手やグループを選択してから、アプリのビデオ通話ボタンをクリックしましょう。

◆ ビデオ会議への招待

メールで会議に招待する場合は、相手にビデオ会議のリンクと、アプリによってはIDとパスワードを送信します。

招待した相手が会議に参加すると、待機中として表示される場合があります。その場合は、招待者が「許可」の項目をクリックして、相手をビデオ会議に参加させましょう。

2

(?)

ビデオ会議の基本・困った対策・便利ワザ

A 参加者にビデオ会議への招待メールを送ったり、
相手をビデオ通話ボタンで呼び出しましょう。

 Zoomの場合は
▶P.080参照

 Slackの場合は
▶P.146参照

 Teamsの場合は
▶P.188参照

 クラウドの場合は
▶P.－－参照

Q15 ビデオ会議中にメンバーを追加したい

ビデオ会議中に、参加していない人を呼び出したいときもあるでしょう。たとえば、「この件は担当の＊＊さんの意見を聞かないとすぐに判断できない」といったときです。そんなときには、ビデオ会議の画面から相手を指定してビデオ招待メールを送って呼び出しましょう。

◆ メンバーを追加

ビデオ会議中でも、ほかのメンバーを呼び出して、ビデオ会議に参加してもらうことができます。

A ビデオ会議の画面からメンバーを追加できます。

 Zoomの場合は ▶P.088参照　 Slackの場合は ▶P.146参照　 Teamsの場合は ▶P.190参照　 クラウドの場合は ▶P.－－参照

Q16 社外の人とビデオ会議をするには？

会社で導入しているテレワークツールでは、社員を登録して使っていることがあります。その場合、登録されている社員は、メンバー一覧などからすぐに呼び出せますが、登録されていない外部の人は選択肢に出てきません。外部の人をビデオ会議に招待するには、相手のメールアドレスを追加する操作を行ったり、招待メールを送るようにしましょう。

◆ 社外の人をメールで招待

A 社外の人はメールアドレスで招待しましょう。

 Zoomの場合は ▶P.080、104参照　 Slackの場合は ▶P.124、146参照　 Teamsの場合は ▶P.168、190参照　 クラウドの場合は ▶P.－－参照

Q17 ビデオ会議の映像が表示されない！

追加したWebカメラなど、テレビ会議に使うカメラが正しく接続されているかどうか確認しましょう。そして、ビデオ会議ツールの設定画面にある「カメラ」の項目で、利用するカメラが選択されていることを確認します。また、ビデオ会議画面で、カメラがオフになっていないかも確認しましょう。

◆ カメラの設定

複数のカメラを接続している場合は、使用するカメラを選択しましょう。

A カメラの接続と設定を確認しましょう。

 Zoomの場合は
▶P.086参照

 Slackの場合は
▶P.146参照

 Teamsの場合は
▶P.190参照

 クラウドの場合は
▶P.－－参照

Q18 ビデオ会議の音声が利用できない！

パソコンのサウンド入出力のデバイスが正しく選択されているか確認しましょう。USB接続のヘッドセットなどを追加している場合は、サウンドの出力（スピーカー）と入力（マイク）の両方の選択を確認します。音量（ボリューム）の設定も確認するようにしましょう。また、ビデオ会議画面で、サウンド機能がオフになっていないかも確認してください。

◆ マイクの設定

設定画面でマイクやスピーカーの設定が行えます。音量の調節も行えます。

A マイクの接続と設定を確認しましょう。

 Zoomの場合は
▶P.086参照

 Slackの場合は
▶P.146参照

 Teamsの場合は
▶P.190参照

 クラウドの場合は
▶P.－－参照

2
ビデオ会議の基本・困った対策・便利ワザ

Q 19 ビデオ会議中に ファイル資料をみんなに見せたい！

「ビデオ会議中に自分のパソコンにある資料データを見せたい！」といったことはよくあるでしょう。Wordの企画書やPowerPointのプレゼン資料、Webブラウザーに表示した参考記事などです。

そんなときには、ビデオ会議ツールの画面共有機能を使って、自分のパソコンの画面を参加者全員のビデオ会議画面に表示しましょう。

◆ **画面共有機能**

画面共有をすると、手元のパソコンの画面をそのままビデオ会議のメンバー全員に見せることができます。

A 自分のパソコンの画面を共有する画面共有機能を使いましょう。

 Zoomの場合は ▶P.092参照

 Slackの場合は ▶P.－－参照

 Teamsの場合は ▶P.198参照

 クラウドの場合は ▶P.－－参照

Q 20 ビデオ会議で図を使って説明したい！

ビデオ会議中に、「図を使って説明したい」「図解の資料を作っていなかった」といったこともあります。

そんなときは、ビデオ会議ツールのホワイトボード機能を使いましょう。参加しているメンバーに、マウス操作で図を描きながら説明をすることができます。

◆ **ホワイトボード機能**

ホワイトボードは図を描くだけではなく、メモ代わりとして使うこともできます。

A ホワイトボード機能を使ってみましょう。

 Zoomの場合は ▶P.094参照

 Slackの場合は ▶P.－－参照

 Teamsの場合は ▶P.200参照

 クラウドの場合は ▶P.－－参照

Q21 ビデオ会議で部屋を見せたくない！

ビデオ会議では、自分の背景に部屋が映り込みます。背景に壁がくるようにする工夫をしたりしますが、部屋の状況や照明の問題で、どうしても部屋を映したくない場合もあるでしょう。

そういったときには、ビデオ会議ツールの機能で、背景をぼかしたり、写真などを指定したバーチャル背景にすることができます。

◆ 背景変更

背景を画像に変更すると、部屋が見られる心配がありません。

A 背景に画像を指定したバーチャル背景を使いましょう。

 Zoomの場合は ▶P.090参照　　 Slackの場合は ▶P.－－参照　　 Teamsの場合は ▶P.194参照　　 クラウドの場合は ▶P.－－参照

Q22 急な呼び出しのビデオ会議で 映像を見せたくない！

「上司から急にビデオ会議の呼び出しがきたけど、化粧はしていないし、髪の毛はボサボサで見せられない！」といった場合は、カメラをオフにして呼び出しに応えましょう。ビデオが映せない理由はきちんと説明すれば大丈夫でしょう。ツールによっては、ビデオ会議の呼び出しに応えるときに、マイクのボタンをクリックすれば、映像がなく音声のみになります。

また、ツールの設定で、起動時にカメラをオフにする設定にしておけば、いつ急な呼び出しがあっても、まずは音声だけで応えられます。映像は起動してからオンにすればよいのです。

A カメラをオフにしてツールを起動しましょう。

 Zoomの場合は ▶P.077参照　　 Slackの場合は ▶P.146参照　　 Teamsの場合は ▶P.190参照　　 クラウドの場合は ▶P.－－参照

2
ビデオ会議の基本・困った対策・便利ワザ

Q23 ビデオの映りが暗くて不評…

ビデオ会議中に自分だけ映りが暗くて、ビデオ会議画面で浮いてしまったり、表情でのコミュニケーションができない……、といったこともあるでしょう。部屋の照明だけで暗いなら、デスクライトで顔を明るくしましょう。また、日中に背後の窓からの光が強すぎても映りが暗くなりますので、カーテンを閉めるといった対応をするとよいでしょう。ツールによっては明るさ補正がある場合もあるので確認しておきましょう（P.086）。

◆明るさを調整する

デスクライトやカーテンを使って、パソコン周りと部屋の明るさを調整しましょう。

> **A** 背後からの光に注意して、デスクライトなどを導入しましょう。

Q24 子供の声が入って困る！

家族、とくに小さな子供が家にいる場合、ビデオ会議中に子供が騒いで困ってしまうこともあります。自分が発言中はしかたありませんが、発言していないときにはマイクをオフにして、不要な音が入らないようにしましょう。ビデオ会議ツールの多くは、ビデオ会議画面でマイクのみオフにするボタンがあるので、音声出力はそのまま聞きながら、自分が話をするときだけマイクをオンにするとよいでしょう。

◆相手が話しているときはマイクをオフ

相手の発言中はマイクをオフにして、子供の声などが会議の邪魔にならないようにしましょう。

> **A** 自分が発言しないときはマイクをオフにしましょう。
>
> Zoomの場合は ▶P.077参照　 Slackの場合は ▶P.146参照　 Teamsの場合は ▶P.190参照　 クラウドの場合は ▶P.――参照

Q25 外の環境騒音がビデオ会議の邪魔をする

自宅近くで工事をしていたり、隣の掃除機の音など、ビデオ会議中に環境騒音が煩いこともあります。音声が聞きづらいだけでなく、ビデオ会議にも騒音が流れるとみんなに迷惑がかかります。発言するとき以外はマイクをオフにすることが大切ですが、ビデオ会議ツールによっては環境騒音を低減する機能があるので利用してみましょう。なお、この設定にすると自分の声が小さいと環境騒音と判断されるので、気持ち声を大きく話しましょう。

◆ 設定で騒音をカットする

□ ミーティング内オプションをマイクから・オリジナルサウンドを有効化に表示

オーディオ処理   デフォルトをリストア

連続的な背景雑音の抑制 ⑦   適度

断続的な背景雑音の抑制 ⑦   適度

エコー除去   自動

オーディオの設定から「背景雑音の抑制」などといった項目で、騒音をカットすることができます。

A ツールの設定で騒音を低減しましょう。

 Zoomの場合は ▶P.087参照 Slackの場合は ▶P.ーー参照 Teamsの場合は ▶P.ーー参照 クラウドの場合は ▶P.ーー参照

Q26 ビデオ会議の音声が聞き取りにくい！

「相手の声がボソボソしててパソコンのスピーカーだと聞き取れない！」といった場合、相手が同僚や部下であれば「大きな声でしゃべってください」と言えますが、上司や取引先相手だと、なかなか言いづらいことがあります。そういう場合は、自分のほうで対策をしましょう。ヘッドセットやスマートフォン用のマイク付きイヤホンを利用すると、スピーカーより聞き取りやすくなります。ノイズキャンセリング機能を持ったイヤフォンやヘッドフォンなら、周囲の環境騒音が低減されるので、より聞き取りやすいでしょう。

◆ イヤフォンやヘッドフォンを用意する

  マイクと一体型のイヤフォンやヘッドフォン（ヘッドセット）も販売されているので、それを用意すると非常に便利です。

A イヤフォンやヘッドフォンを使ってみましょう。

Q27 ビデオ会議をあとから見直すのに録画できる?

ビデオ会議の議事録を作成するのに役立つのが録画機能です。動画ファイルとして残しておけるので、ファイル共有して、参加していないメンバーや途中に離席した人が、あとから会議内容を確認して、共有することもできます。録画操作も、ビデオ会議画面で録画ボタンをクリックするだけのツールが多いので簡単です。ただ、ツールによっては、会議を主催したホスト側からしか録画できないものもあります。

◆ 会議を録画する

録画中は画面のどこかに「録画中」「レコーディングしています」といった表示が出ます。メンバーにも録画していることが伝わるので、あらかじめ確認してから録画しましょう。

A 録画して動画ファイルとして保存できます。

 Zoomの場合は
▶P.096参照

 Slackの場合は
▶P.ーー参照

 Teamsの場合は
▶P.192参照

 クラウドの場合は
▶P.ーー参照

Q28 ビデオ会議中に 特定の相手にメッセージを送りたい!

ビデオ会議中に、テキストで相手に伝えたい場合、チャット機能が便利です。たとえば、ビデオ会議に途中から参加した人やちょっと離席をしていた人に、今の議題が何かをテキストで知らせれば、話を戻す必要はありません。大人数のビデオ会議中に、全員に伝える必要のないことは、特定の相手にだけチャットで伝えることもできます。また、チャット機能をビデオ会議のメモ代わりとして活用することもできるでしょう。

◆ チャット画面を表示する

Zoomの場合は、ビデオ画面の右側にチャット欄が表示されます。

A ビデオ会議中でもチャット機能が使えます。

 Zoomの場合は
▶P.098参照

 Slackの場合は
▶P.ーー参照

 Teamsの場合は
▶P.196参照

 クラウドの場合は
▶P.ーー参照

Q29 テレワークでも気軽に雑談したい

テレワークをしていると、同僚たちと気軽な雑談をすることもできません。そこで昼休みや休憩時間を仲間と合わせてビデオ会議にあつまって、気軽な会話の雑談だけする場所に使ってみましょう。ビデオ会議ツールは、チームの気軽なコミュニケーションにも役立てるのです。コロナ禍で話題になった、友人同士の「Zoom飲み会」と同じ使い方ですね。

◆ ビデオ会議でコミュニケーションを取る

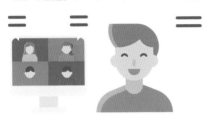

ビデオ会議をしながら、お昼を食べたり休憩して仲間たちと雑談をすると、気分もリフレッシュされ、仕事も捗ります。仕事のあとの、オンライン飲み会としてもビデオ会議ツールが使えます。

A ビデオ会議ツールを昼休みや休憩中の雑談の場所に使いましょう。

Q30 大人数でも発言者がわかりやすくしたい

大人数でのビデオ会議では、誰がしゃべっているのかわからなくなってしまい、混乱してしまうことがあります。最近のビデオ会議ツールでは、発言している人の画面に色枠や色下線が入ったり、画面が大きくなったりします。発言者がはっきりわかるだけでも、ビデオ会議をスムーズに進めるのに役立つことが感じられるでしょう。

◆ 発言者は大きく表示される

Zoomでは、2020年4月のアップデートにより、大人数の会議中は発言者が大きく表示できるようになりました。表示方法によっては、縁取りや下線で表示することもできます。

A 発言者の画面が大きくなったり、枠が入ることで、会議がスムーズに感じます。

Q31 会議予定を調整したい！

テレワークで仕事中とはいえ、人数が多いビデオ会議を行うには予定を合わせる必要があります。社外の人も参加するなら、相手の予定も確認する必要があるのは通常の会議と同じです。ビデオ会議ツールの通知やメールで会議通知を知らせておきましょう。ただ、通常の会議と違って、会議室の空きを確認する必要はありませんし、ツールによっては、社内だけなら個々の仕事の予定表を確認できるものもあります。

◆ 会議を予約する

ミーティングをスケジューリング
トピック
ひろみ 鈴木 の Zoom ミーティング
開始: 金 8月 7. 2020 ∨ 10:00 ∨
経過時間: 0 時間 ∨ 30 分 ∨
□ 定期的なミーティング タイムゾーン: 大阪、札幌、東京 ∨
ミーティングID
● 自動的に生成 ○ 個人ミーティングID 636 484 3436

ビデオ会議のスケジュールを作成して、参加者にメールや通知で知らせておきましょう。

A 会議室の場所の確保は必要ありませんが、会議予定は参加者に通知やメールで知らせて確認しましょう。

 Zoomの場合は
▶P.104参照

 Slackの場合は
▶P.－－参照

 Teamsの場合は
▶P.188参照

 クラウドの場合は
▶P.－－参照

Q32 簡単な質問でチャットも面倒なときは

チャットで簡単な質問を聞こうとしたとき、なかなか意図が伝わらず、結果的に時間がかかってしまい相手に迷惑をかけた、といったこともあるでしょう。ちょっとした質問はテキストにするのが面倒に感じることもあります。そんなときは、ビデオ会議ツールを使ってみましょう。質問された相手も、「何がわからないのか」を聞き返すこともできるし、必要ならその場で資料を確認しながら話すこともできます。

◆ 簡単な質問もビデオ会議ツールが利用できる

簡単な質問でも、テキストで相手に意図が伝わらないとかえって時間がかかってしまいます。会社にいるときのように、ビデオでの通話でリアルタイムで質問をすることで、すぐに解決できるでしょう。

A テキストで質問を伝えるより、ビデオ会議ツールで会話をするほうが早いこともあります。

Q33 発言したいことをアピールする方法はあるの？

大人数でビデオ会議をしているときに、複数の人が同時に発言すると聞き取れなくなります。リアルな会議室なら、お互いに見えているので発言のタイミングも取りやすいのですが、ビデオ会議で画面の中だけだと、なかなか発言ができずに会議が終わってしまうこともあるでしょう。チームで会議の発言のルールを決めるのがよいと思いますが、ビデオ会議ツールの反応や「手を挙げる」機能を使いましょう。

◆ ビデオ通話中に手を挙げる

Zoomの場合、ビデオ会議画面の「反応」をクリックして、「拍手」などの表示を挙手にするといった取り決めをするとよいでしょう。

A ツールの「手を挙げる」機能でアピールしましょう。

 Zoomの場合は ▶P.099参照　　 Slackの場合は ▶P.－－参照　　 Teamsの場合は ▶P.197参照　　 クラウドの場合は ▶P.－－参照

Q34 手元の資料をビデオ会議のみんなに見せたい！

ビデオ会議ツールの画面共有機能を使えば、パソコン内のデータを参加者に見せて共有することができます。しかし、手元の紙資料やモノを共有したい場合、カメラの前で見せても、ぼやけて詳細が見えないことが多いでしょう。そういうときは、スマートフォンのカメラで撮影したり、スキャナーでスキャンして、画像データやPDFファイルとして、画面共有できるようにしましょう。スマートフォンはほとんどの人が持っているので、便利に使えます。

◆ 手元の資料は撮影するかスキャンをする

手元にある紙の資料は、スマートフォンで撮影したり、スキャナーでスキャンをしたりして、データをパソコンに取り込み、画面を共有しましょう。

A 写真を撮ったりスキャンをしたりして、画面共有をしましょう。

▼便利ワザ

Q35 主催者だからできる スムーズな会議に役立つことは？

ビデオ会議ツールでは、スムーズな会議を行うのに役立つ、会議の主催者だからできる機能が用意されています。参加者に迷惑をかけるような人がいた場合には、主催者の権限によって、音声のミュートやビデオ画像のオフ、ミーティングからの強制退場などを行える場合があります。

◆ ビデオ主催者と参加者の権限

全員にミュートを解除するように依頼
開始時にミュート
✓ 参加者に自分のミュート解除を許可します
✓ 参加者が自分の名前を変更するのを許可する
誰かが参加するときまたは退出するときに音声を再生
✓ 待機室を有効化
ミーティングをロックする

自分がビデオ会議の主催者の場合、参加者に対する権限が多くあります。会議をスムーズに進めるために使いましょう。

A 主催者の操作権限で参加方法に制限をかけることができます。

 Zoomの場合は ▶P.102参照　　 Slackの場合は ▶P.――参照　　 Teamsの場合は ▶P.――参照　　 クラウドの場合は ▶P.――参照

COLUMN ｜ **エフェクトで顔色やメイクができるツールもある**

ビデオ通話をする場合、家にいても顔を出す必要があります。ここで気になるのは、クマなど顔色が悪い場合は顔を出したくない場合です。また、女性の場合は自宅にいるのに毎回化粧をしなくてはいけない、といったことも気になるでしょう。そういうときは、ZoomやTeamsのアドオンツールのエフェクトで簡易メイクをしてくれるツールがあります。

◆Zoomと連動することができる「Snap Camera」

顔にいろいろなエフェクトを付けることができる「Snap Camera」は、化粧をしたかのような美肌エフェクトをかけることができます。

https://snapcamera.snapchat.com/

ビジネスチャットの基本・
困った対策・便利ワザ

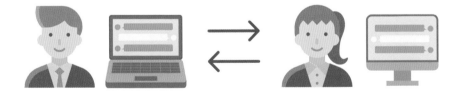

Q36 ビジネスチャットツールの選択と導入方法は？

テレワークで、上司や同僚とのコミュニケーションに欠かせないのがビジネスチャットツールです。上司や先輩へのメールでは、どうしても文面に気を遣って、入力に時間がかかりますが、チャットなら要件だけの短いメッセージでも許されます。仕事の案件ごとにチャットのグループを分けておけば、必要なメンバーと情報が共有できます。文字で残っていくので、あとから見直すこともできます。

ビジネスチャットができるツールは多数ありますが、基本的には会社やチームで選択したものを使うことになるでしょう。本書で紹介しているツールのチャット機能について以下にまとめておきますので、参考にしてください。

また、各ツールは、パソコンのアプリだけでなく、Webブラウザーからも利用できるようになっています。スマートフォンのアプリもインストールしておけば、外出先でも利用でき、いつでもコミュニケーションが可能です。

◆ ビジネスチャットツールの特徴

Zoom	Slack	Teams
ビデオ会議用の人気ツールですが、会議中の相手とのチャット機能も用意されています。会議の共有メモに使ったり、特定の相手だけとメッセージを交換したりすることも可能です。ビデオ画面をオフにすれば、単純なチャットルームとして利用できます。	ビジネスチャットツールとして人気のツールです。チャット機能は優れており、案件ごとに分けたチャットグループで管理したり、ダイレクトメッセージで特定の相手とだけ非公開のチャットを行ったりすることもできます。また、ほかのツールとの連携機能も優れています。	テレワークに役立つ多くの機能がまとめられたツールです。チャット機能では、グループを細かく分けて管理できるので、スムーズに仕事が進められます。また、ステッカーと呼ばれる視覚的に気持ちを伝える機能など、手軽にコミュニケーションできる工夫もされています。

◆ ビジネスチャットツールが導入できる端末

パソコンではアプリとWebブラウザーから利用できます。

スマートフォンやタブレット向けアプリで、外出先でも利用できます。

A 会社やチームでツールを選択して、パソコンだけでなく、スマートフォンにもアプリをインストールしましょう。

 Zoomの場合は ▶P.070参照

 Slackの場合は ▶P.108参照

 Teamsの場合は ▶P.158参照

 クラウドの場合は ▶P.—参照

Q 37 アカウントとプロフィールはどうするの？

チャットツールでは、メールアドレスを使ってのアカウントの登録が必須になります。会社やグループでツールを導入しているなら、管理者から招待メールを受けてアカウントを作成できますし、アプリやWebブラウザーから自分で作成もできます。プロフィールでは、チャット相手からわかりやすいプロフィール画像を設定しておくとよいでしょう。

◆ プロフィール作成画面

プロフィールの画像は、設定しなくても使うことができますが、自分の写真でなくてもわかりやすいものにしておくとよいでしょう。

A チャットを行うには、メールアドレスで登録したアカウントが必要です。

 Zoomの場合は
▶P.071、078参照

 Slackの場合は
▶P.116、120参照

 Teamsの場合は
▶P.158、162参照

 クラウドの場合は
▶P.－－参照

Q 38 メンバー用のスペースの作成はどうするの？

SlackやTeamsで、部署や案件のメンバーでチャットを行う場合、グループメンバー用の場所（Slackではワークスペース、Teamsではチーム）を作成して、そこにメンバーを招待しておきます。作成した場所に、案件ごとのチャットルームを作って、メッセージのやり取りがはじめられます。

◆ ワークスペース

ワークスペース（Slack）、チーム（Teams）は複数参加することもできます。

A スペースを作りチャットメンバーを招待していきます。

 Zoomの場合は
▶P.－－参照

 Slackの場合は
▶P.112参照

 Teamsの場合は
▶P.166参照

 クラウドの場合は
▶P.－－参照

3
？
ビジネスチャットの基本・困った対策・便利ワザ

Q39 案件（タスク・ミッション）や話題ごとに チャットルームを分けたい！

短いメッセージを多数やり取りするチャットをスムーズに進めるために、仕事の案件（タスク・ミッション）や話題ごとに細かくチャットルームを分けるようにしましょう。Slackではワークスペースにチャンネル、Teamsではチーム内にチャネルで、チャットルームを分けていきます。

チャンネル(Slack)
のチャット画面

チャネル (Teams)
の投稿画面

A ビジネスチャットツールのチャンネル（チャネル）機能で、案件・話題ごとに細かく分けましょう。

 Zoomの場合は
▶P.－－参照

 Slackの場合は
▶P.122参照

 Teamsの場合は
▶P.172参照

 クラウドの場合は
▶P.－－参照

Q 40 案件のチャットルームに メンバーを追加するには？

案件や話題ごとに分けたチャンネル（チャネル）には、ツールにアカウント登録している人から、参加するメンバーを選択して招待していきましょう。テレワークでのチャットスペースは、情報を共有する場所になるので、関係する人は漏れなく参加してもらいましょう。

◆チャンネルにメンバーを追加

MOOK編集部チャネルにメンバーを追加する

これはプライベート チャネルなので、ここに追加するユーザーだけがこのチャネルを表示できます。

野山雄太 ×　|　　　　　　　　　　　　　　　　　　　追加

ツールにアカウント登録されているメンバーなら、メンバーを追加操作を行い、外部の関係者はメールアドレスで招待して追加します。

A チャンネル（チャネル）画面で、参加するメンバーを選択して追加します。

 Zoomの場合は ▶P.ーー参照　 Slackの場合は ▶P.124参照　 Teamsの場合は ▶P.174参照　 クラウドの場合は ▶P.ーー参照

Q 41 特定のメンバーだけと 1対1でメッセージをやり取りしたい！

ビジネスチャットでは、案件や話題ごとにチャットルームを作って、参加メンバー全員とチャットします。しかし、内密の話題などで特定の相手とだけチャットがしたいこともあるでしょう。特定の相手との1対1のチャットなら、チャットルームを作る必要はなく、ダイレクトメッセージでチャットするのが手軽です。

◆ダイレクトメッセージのやり取り

A ダイレクトメッセージを利用しましょう。

 Zoomの場合は ▶P.ーー参照　 Slackの場合は ▶P.144参照　 Teamsの場合は ▶P.178参照　 クラウドの場合は ▶P.ーー参照

Chapter 3　▼基本操作

Q42 社外の人をチャットルームに参加してもらうには？

会社で導入しているツールの場合、社員のアカウントは基本的には会社側で登録していますので、チャットルームにはメンバーを選択して追加できます。アカウントを登録していない社外の人の場合には、招待メールを送って、メールに記載されている方法でチャットルームに参加してもらうようにします。

◆ 外部の人に招待メール

A チャットルームで、直接招待メールを送りましょう。

 Zoomの場合は
▶P.――参照
 Slackの場合は
▶P.124参照
 Teamsの場合は
▶P.174参照
 クラウドの場合は
▶P.――参照

Chapter 3　▼基本操作

Q43 メンバーにすぐに資料ファイルを送りたい！

チャット中に、メンバーに資料を見てもらいたくなることもあります。そんなときには、チャットのメッセージに資料ファイルを添付して送信すれば、全員に渡すことができます。簡単な操作ですぐにメンバー全員に送ることができます。

◆ チャットでファイルを添付して送る

添付したファイルと一緒にメッセージも送信できます。

A チャット画面からファイルを添付しましょう。

 Zoomの場合は
▶P.100参照
 Slackの場合は
▶P.134参照
 Teamsの場合は
▶P.180参照
 クラウドの場合は
▶P.――参照

Q 44 突然の訪問者などで離席していることを伝えたい！

自宅でのテレワークだと、宅急便の受け取りなど、突然の訪問者の対応で離席することもあります。対応に時間がかかると、ほかのメンバーがすぐに返信が欲しいときに困ってしまうこともあるでしょう。そんなときには、ツールのステータス（在席状況）機能で「離席中」にするなど、自分の状況を知らせるようにしましょう。

◆ ステータス（在席状況）

A ステータス（在席状況）機能で知らせましょう。

 Zoomの場合は ▶P.ーー参照　 Slackの場合は ▶P.150参照　 Teamsの場合は ▶P.186参照　クラウドの場合は ▶P.ーー参照

3
(?)
ビジネスチャットの基本・困った対策・便利ワザ

Q 45 返事がなく 相手がチャットを読んだかどうかわからない！

「チャットを送っても返事がすぐに来ない！」。いつもはすぐに返事が来るのに、急ぎで確認したいことがあるときに限って返事がなく、イライラすることもあります。相手がたまたま離席しているのかもしれません。相手のステータス（在席状況）を確認しましょう。ステータスはこまめに変更し、お互いに確認する習慣をつけておくとよいでしょう。

◆ 相手のステータスを確認

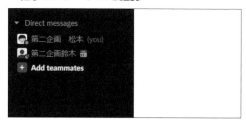

相手の名前の横にステータスが表示されているので確認しましょう。

A 相手のステータス（在席状況）を確認しましょう。

 Zoomの場合は ▶P.ーー参照　 Slackの場合は ▶P.150参照　 Teamsの場合は ▶P.186参照　 クラウドの場合は ▶P.ーー参照

Q46 チャットの中で重要なメッセージが流れていってしまう！

チャットをしていると、多数のメッセージをやり取りするので、重要なメッセージであっても画面を流れていってしまいます。チャットを見返して探すのも大変です。重要なメッセージは保存（ブックマーク）機能で、すぐに確認できるようにしておきましょう。

◆ メッセージの保存

保存（ブックマーク）したメッセージは、ブックマーク欄などからすぐに見ることができます。

A 重要なチャットメッセージは保存（ブックマーク）機能を使いましょう。

 Zoomの場合は
▶P.－－参照

 Slackの場合は
▶P.142参照

 Teamsの場合は
▶P.184参照

 クラウドの場合は
▶P.－－参照

Q47 忘れてしまったチャット内容を探したい！

毎日、長時間のチャットをしていると、「相手との交渉方針を上司といつしていたっけ？」と、過去のやり取りを確認したいこともあります。そんなときには、案件名や相手の名前などをキーワードにして、チャット内容を検索しましょう。

◆ メッセージの検索

メッセージ以外にも、ファイル名でも検索結果が表示されるので、ファイルのダウンロードを、もう一度したい場合にも活用できます。

A キーワードでチャット内容を検索できます。

 Zoomの場合は
▶P.－－参照

 Slackの場合は
▶P.138参照

 Teamsの場合は
▶P.182参照

 クラウドの場合は
▶P.－－参照

Q48 間違ったメッセージを送信したので取り消したい！

多くのチャットルームに参加していると、「間違って違う案件のことを送信してしまった」ということはよくあります。また、メッセージの入力途中なのに、間違って [Enter] キーで送信してしまうこともあります。チャットツールに取り消し機能があるなら削除し、再編集機能があるなら再編集して保存しなおしましょう。

◆ メッセージの削除

メッセージを間違って送信してしまっても、慌てずに削除しましょう。

A ツールの取り消し機能や再編集機能を使いましょう。

 Zoomの場合は ▶P.ーー参照　 Slackの場合は ▶P.136参照　 Teamsの場合は ▶P.ーー参照　 クラウドの場合は ▶P.ーー参照

Q49 重要／緊急なメッセージであることを伝えたい！

メッセージにマークをつけたりして、表示を工夫しましょう。Teamsならチャットの送信時に「重要」「緊急」のマークが選択でき、緊急では2分間隔で20分間、相手に通知されます。Slackでは、重要なメッセージをピン留め機能で、常に見える位置に置いておくようにすると、メンバーに重要なものであることが伝わるでしょう。

◆ メッセージをピン留め

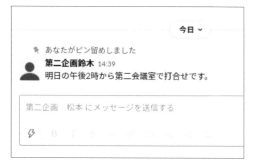

A 「重要」「緊急」マークやピン留め機能を使いましょう。

 Zoomの場合は ▶P.ーー参照　 Slackの場合は ▶P.143参照　 Teamsの場合は ▶P.180参照　 クラウドの場合は ▶P.ーー参照

3
ビジネスチャットの基本・困った対策・便利ワザ

Q50 特定のメンバーだけしか参加できない チャットルームにしたい！

重要であったり、特定のメンバーとだけ共有しておきたい情報をチャットしたいこともあります。そんなときには、チャットルームを「プライベート」設定で作成しましょう。「プライベート」設定にすると、作成者と招待された特定の人しか表示されなくなります。

Slackの場合は、簡単にプライベートチャンネルを作成することができます。

◆ プライベートチャンネル

 A プライベート設定でチャットルームを作成しましょう。

Slackの場合は ▶P.128参照	Teamsの場合は ▶P.172参照

Zoomの場合は ▶P.――参照 　　クラウドの場合は ▶P.――参照

Q51 作業に集中していても通知を見逃したくない！

テレワークで作業に集中していると、チャットに気付かないことがあります。急ぎの用件で、離席にもなっていないのに返信をしないと、余計な心配をかけたり、トラブルになる可能性もあります。ツール側の通知方法の設定を確認しましょう。受信時に音が鳴るようにしておくのもわかりやすいでしょう。また、パソコン側で通知がどう表示されるかも確認しておきましょう。

◆ チャットの通知設定を確認する

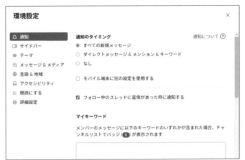

 A わかりやすい通知方法に設定しましょう。

Slackの場合は ▶P.152参照	Teamsの場合は ▶P.204参照

Zoomの場合は ▶P.――参照 　　クラウドの場合は ▶P.――参照

Q52 チャットでうまく伝わらないときには！

「チャットをしていても細かいニュアンスが伝わらない」といったときもあるでしょう。そんなときには、チャット画面から「ビデオ通話」ボタンをクリックして、ビデオ会議で直接話をしたほうが早いことがあります。また、チャットで盛り上がってきて、文字だけでは物足りないときにも、ワンクリックでビデオ会議を始めることもできます。

◆ **チャットからビデオ会議を開始する**

チャット画面から「通話を開始」の項目をクリックして、すぐにビデオ会議をはじめられます。

A チャットからワンクリックでビデオ会議を始めましょう。

 Zoomの場合は ▶P.－－参照　 Slackの場合は ▶P.146参照　 Teamsの場合は ▶P.188参照　 クラウドの場合は ▶P.－－参照

Q53 グループのチャットで 特定の相手宛のメッセージを送りたい！

グループでチャットをしていると、メッセージは全員に向けて発信することになります。しかし、グループチャット内でも、特定の相手に向けたメッセージであることを示して送りたいこともあるでしょう。そんなときには、メンション機能を使って、相手を示してメッセージを送りましょう。

◆ **メンション機能を使う**

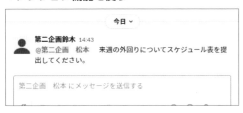

「@」を入力すると、メッセージを送りたい相手を選択できます。選択したら、メッセージを入力し送信しましょう。

A メンション機能で相手を示しましょう。

 Zoomの場合は ▶P.－－参照　 Slackの場合は ▶P.132参照　 Teamsの場合は ▶P.179参照　 クラウドの場合は ▶P.－－参照

3 ? ビジネスチャットの基本・困った対策・便利ワザ

Q54 チャットの発言に簡単に気持ちを伝えたい！

短文でのやり取りになるチャットでは、事務的なやり取りになりがちです。コミュニケーションを円滑にするのに、「嬉しい」「いいね」「悲しい」といった感情を伝えるのはとても有効です。チャットツールでは、発言に対して絵文字や「いいね」などで、気持ちをワンクリックで伝えるリアクション機能が用意されています。

◆ リアクションで簡単に気持ちを伝える

リアクション機能や絵文字を使うと、文字だけでは伝わりにくい感情を伝えることができます。

A 絵文字や「いいね」などのリアクションで、簡単に感情を表しましょう。

 Zoomの場合は
▶P.――参照

 Slackの場合は
▶P.131参照

 Teamsの場合は
▶P.179参照

 クラウドの場合は
▶P.――参照

Q55 できるだけ短文のメッセージにする工夫はある？

チャットは短文の文字だけでやり取りするツールなので、相手に読みやすく、要件がきちんと伝わる工夫が必要です。文の構造はできるだけシンプルにしましょう。たとえば、「ですが」「なので」などの接続助詞は文が長くなるので避け、一文を短くしましょう。句点ごとに改行してもよいでしょう。

また、メールでよくあるのが、「○○○で私はよいと思うのですが、□□□は修正をお願いします」といった、「～が」のクッション言葉です。前置きを置くことで送信側は安心感を得られますが、ここで必要なのは後半の修正を依頼する部分だけです。チーム内で連絡する場合は、クッション言葉は使わなくても大丈夫でしょう。

ほかにも尊敬語や謙譲語を連ねる文章も、チャットでは読みにくくなります。簡単に「です」「ます」で十分でしょう。

こういったチャット文のルールは、最初にメンバー内で決まりを作っておくと、スムーズにチャットができます。

A メンバー内で決まりを作っておきましょう。

ファイル共有・共同編集の
基本・困った対策・便利ワザ

Q56 ファイル共有に使える クラウドストレージの選択と導入方法は？

テレワークをしていると、取引先からの提案書や見積書など、同僚たちと共有しておきたいデータファイルを扱うことはよくあります。また、ExcelなどのOfficeアプリのファイルを、同僚や取引先の担当者と共同で編集したいこともあるでしょう。

共有や共同編集するデータファイルの数が増えてくると、いちいちメールやチャットで添付して送りあうのは大変です。そういったときには、クラウドストレージに保存して、ファイルやフォルダーを共有設定し、関係者全員が見られたり、編集できたりすると便利です。

動画などの大容量の多数のファイルを扱うのでなければ、無料版でも十分な容量ですし、会社で有料版を導入していれば、制限が気にならない容量で利用できます。

クラウドストレージは、パソコン用のアプリやWebブラウザーから利用できます。また、スマートフォン用のアプリも用意されているので、外出先からも利用できます。

◆主なクラウドストレージの特徴

Dropbox	OneDrive
クラウドストレージとして人気のサービスです。データ更新が速く、バックアップ機能も充実しています。無料プランでは2GBまでですが、容量によってさまざまなプランが用意されています。Slackから呼び出せるなど、各種ツールとの連携機能が充実しており、Webブラウザーからでは、Microsoftアカウントを使ってOfficeファイルの編集も可能です。	Microsoftアカウントを持っていると自動的にOneDriveを使うことができます。無料でも5GBの容量が利用でき、会社でTeamsやOfficeアプリが使えるMicrosoft 365を契約している場合は、1TBの大容量が利用できます。Microsoftのサービスなので、TeamsやOfficeアプリとの相性はとてもよく、快適に連携して利用することができます。

◆クラウドストレージが導入できる端末

パソコンでは、アプリだけでなく、Webブラウザーからも利用できます。

スマートフォンやタブレット用のではアプリが用意されています。

A 共有することを前提に、会社やチームでクラウドストレージを選択して、パソコンやスマートフォンにアプリを導入します。

 Zoomの場合は ▶P.--参照　 Slackの場合は ▶P.--参照　 Teamsの場合は ▶P.--参照　 クラウドの場合は ▶P.208参照

Q57 テレワークのツールと連携して使うと便利なの？

ファイルをクラウドに保存して、関係者と共有できるクラウドストレージは、単体サービスとして使っても便利なのですが、ビデオ会議ツールやチャットツールと連携して使うことができます。それぞれのアカウントを連携させておくことで、ツール側からDropboxやOneDriveの機能を呼び出して、ファイルを読み出したり、共有を行うことができます。連携することで、テレワークの共同作業がスムーズに行えるようになります。
以下で紹介するように、Dropboxは本書で紹介する3つのツールと連携することができ、OneDriveはSlackとTeamsと連携することができます。

◆ 連携できるクラウドストレージ

Dropbox	OneDrive
・Zoom ・Slack ・Teams	・Slack ・Teams

◆ ツール同士のアカウントを連携する

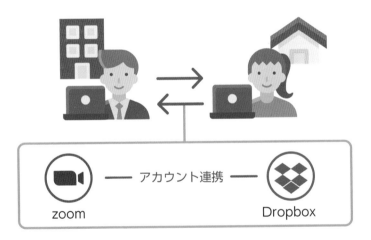

ビデオ会議やチャットのテレワークツールとクラウドストレージを連携させることにより、テレワークツール側からファイルの共有や共同編集が行えるようになります。

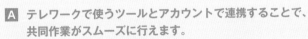
A テレワークで使うツールとアカウントで連携することで、共同作業がスムーズに行えます。

 Zoomの場合は ▶P.－－参照　 Slackの場合は ▶P.－－参照　 Teamsの場合は ▶P.－－参照　 クラウドの場合は ▶P.224、233参照

4 ？ ファイル共有・共同編集の基本・困った解決・便利ワザ

▼基本操作

ᵠ58 資料ファイルを共有するには？

チーム全体でデータファイルを共有するのに、メールやチャットで送ることもできますが、全員がアクセスできるクラウドストレージにファイルを保存（アップロード）して、共有できるようにしておきましょう。やり取りする手間がなくなりますし、いつでもファイルにアクセスして閲覧・編集することができるので、業務をスムーズに進められます。

◆ ファイルを共有

ファイルの「共有」をクリックして、共有相手を選択しましょう。

A クラウドにファイルをアップロードして共有しましょう。

 Zoomの場合は
▶P.－－参照

 Slackの場合は
▶P.－－参照

 Teamsの場合は
▶P.－－参照

 クラウドの場合は
▶P.216、226参照

▼基本操作

ᵠ59 ファイルにアクセスできるユーザーを管理したい！

「ファイルを共有したけど、部署以外の人にはファイルを編集されたら困る」といったこともあるでしょう。その場合には、共有設定のアクセス権限を指定しましょう。編集されたら困る場合は、共有相手のアカウントに対して、「閲覧のみ」といった権限にしておくと、ファイルを勝手に編集されることがなくなります。

◆ 共有権限を指定

A アクセス権限を指定しましょう。

 Zoomの場合は
▶P.－－参照

 Slackの場合は
▶P.－－参照

 Teamsの場合は
▶P.－－参照

 クラウドの場合は
▶P.216、227参照

Q60 社外の人とも資料ファイルを共有したいときには？

クラウドサービスでは、社外の人にアクセスしてもらう機能があります。アップロードしたファイルやフォルダーに対して、アクセスを許可する社外の人のメールアドレスに、共有リンクを指定して送信しましょう。リンクを知らせるときには、「閲覧のみ」「編集」といった権限を指定できるので、どんな作業までが必要かをよく考えて設定しましょう。

◆社外の人とファイルを共有

宛先　suzuki_hironobu@gmail.com　　　　　編集可能 ▼

金額の確認をお願いします。|

共有画面で、共有したい相手のメールアドレスを入力し、共有リンクを送信しましょう。

A メールアドレスで共有リンクを送りましょう。

 Zoomの場合は ▶P.ーー参照
 Slackの場合は ▶P.ーー参照
 Teamsの場合は ▶P.ーー参照
 クラウドの場合は ▶P.216、226参照

Q61 Officeファイルをクラウドストレージから開きたい！

クラウドストレージにアップロードされたExcelやWord、PowerPointのOfficeファイルは、WebブラウザーからアクセスすればWeb版Office（Office Online）でそのまま開くことができます。Web版のOfficeは機能制限がありますが、閲覧や簡単な編集が可能です。
もちろん、パソコンにOfficeアプリがインストールされていれば、ExcelやWord、PowerPointのアプリが起動して、通常の編集作業が可能です。
スマートフォンでも、無料のExcelなどのOfficeアプリをインストールしておけば、Officeファイルを開くことができます。

A パソコンにOfficeアプリがなくてもWeb版Officeで開けます。

 Zoomの場合は ▶P.ーー参照
 Slackの場合は ▶P.ーー参照
 Teamsの場合は ▶P.ーー参照
 クラウドの場合は ▶P.230参照

▼基本操作

Q62 Officeアプリがあればグループで 共同編集できるの？

クラウドストレージで共有したOfficeファイルを開いて見るだけでなく、メンバーがそれぞれ追記したり、変更したりといった共同編集が必要になることもあります。Officeファイルを開いたり、コメントを入れたり、簡単な変更なら無料で利用できるWebブラウザー版のExcelやWord、PowerPointで作業できます。

しかし、取引相手に渡したり、きちんと残しておくファイルなら、フルの機能が使えるパソコン版のOfficeアプリを使うのがよいでしょう。Microsoftでは、Officeを単体のアプリとしても販売していますが、現在は月額や年額のサブスクリプションでMicrosoft 365のサービスを用意しています。会社でMicrosoft 365アカウントを契約している場合は、このアカウントを自宅からでも利用できるかどうかを確認をするようにしましょう。

メンバーがパソコン版のOfficeアプリを使えるMicrosoft 365のアカウントを使っていれば、共有したファイルの共同編集がスムーズに行えます。ファイルの保存先はOneDriveがすぐに指定できるようになっており、Teams内からOfficeファイルの編集が可能になります。

◆ サブスクリプション型のMicrosoft 365アカウント

	Microsoft 365 Business Basic	Microsoft 365 Business Standard	Microsoft 365 E3	Microsoft Teams
料金 (月額換算、税別)	540円 ※Officeアプリは使えませんが、Microsoft 365のサービスが使えます	1,360円	3,480円	無料 ※Officeアプリは使えません

◆ ファイルを共同編集

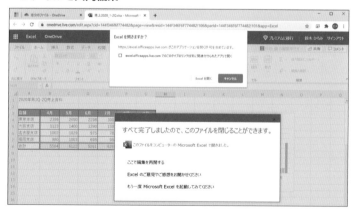

A パソコン版のOfficeアプリが使えれば、フル機能で共同編集ができます。

Q63 コラボレーションツールで クラウドストレージのファイルを扱いたい

Teamsでチャットやビデオ会議を行っているときに、クラウドストレージで共有している Officeファイルのちょっとした変更の必要に気がつくことがあります。簡単な変更や確認 であれば、Teams内でOfficeファイルを開いて、メンバーで変更を確認しながらスムーズ に作業を進められます。ただし、Teams内で開くには、パソコン版のOfficeアプリがイン ストールされている必要があります。

なお、Slackでは、Slack内でOfficeファイルの閲覧はできますが、編集はできません。

◆ Teams内でOfficeファイルを編集

◆ Slack内でOfficeファイルを表示

A Teams内でOfficeファイルを開き、編集することができます。

 Zoomの場合は ▶P.ーー参照　 Slackの場合は ▶P.ーー参照　 Teamsの場合は ▶P.202参照　 クラウドの場合は ▶P.ーー参照

4 ? ファイル共有・共同編集の基本・困った解決・便利ワザ

Q64 共同編集中のファイル管理はどうなっているの？

「多くのメンバーで共同編集をしているので、何度も修正されて、どこが新しい修正なのかわからない」といったことも起こります。修正の履歴が管理できていないと、判断ができず、誤った修正が行われたり、必要なところを削除してしまったりします。そんなときには、ファイルのバージョン履歴で、修正の日時を確認しましょう。場合によっては、ファイルを以前の状態に復元することもできます。

◆ 共有ファイルの履歴を確認する

A ファイルのバージョン履歴を確認しましょう

 Zoomの場合は ▶P.ーー参照　 Slackの場合は ▶P.ーー参照　 Teamsの場合は ▶P.ーー参照　 クラウドの場合は ▶P.221、231参照

Q65 共同作業中にファイルにコメントで指示を残しておきたい！

共同編集中のファイルで、休暇中や長時間の離席をしているメンバーに修正してもらいたい箇所を知らせたいこともあるでしょう。そんなときには、修正してもらいたいファイルにコメントを残しておくと伝わりやすいです。また、コメントを入れる機能は、相手に伝えるだけでなく、自分があとから見直したいときにも有効です。

◆ ファイルにコメントを付ける

Dropboxのコメントは、文字以外にもリアクションで返すこともできます。

A ファイルへのコメント機能を使いましょう。

 Zoomの場合は ▶P.ーー参照　 Slackの場合は ▶P.ーー参照　 Teamsの場合は ▶P.ーー参照　 クラウドの場合は ▶P.222、232参照

^Q66 共同編集作業の状態を グループで共有しておきたい！

「多数のメンバーで共同編集をしていると、誰がこのファイル編集に参加していて、どういう操作が行われたか管理しきれない」といったこともあります。そういう場合は、クラウドストレージの通知機能を使ったり、ファイルの編集作業を許可制にしたりしておきましょう。
Dropboxは、ほかのユーザーが共同編集に参加したり、ファイルの編集・削除・移動が行われたときに通知で知らせる機能があります。OneDriveなら、ファイルやフォルダーへの操作はアクティビティで確認できます。

◆ 共同編集の作業通知

A ファイルへの編集や移動の操作を通知やアクティビティで確認しましょう。

 Zoomの場合は ▶P.－－参照　　 Slackの場合は ▶P.－－参照　　 Teamsの場合は ▶P.－－参照　　 クラウドの場合は ▶P.223、232参照

^Q67 案件ごとにファイルを管理しやすくしたい！

多くの案件で共同編集のファイルが増えてくると、どの案件のものなのかがわかりづらくなります。
そんなときは、案件ごとに共有フォルダーを分けて作成して、その中に関連するファイルをまとめましょう。メンバーのアクセス権限も、案件のフォルダーごとに設定すれば、間違ってほかの案件のファイルを編集してしまうことも防げます。

◆ 案件ごとの共有フォルダー

フォルダーを分け、権限を設定しましょう。

A 案件ごとのフォルダーを作成して管理しましょう。

 Zoomの場合は ▶P.－－参照　　 Slackの場合は ▶P.－－参照　　 Teamsの場合は ▶P.－－参照　　 クラウドの場合は ▶P.218参照

▼便利ワザ

Q68 オフラインで編集した内容で共有ファイルを更新して、ほかの人の編集内容を消してしまった！

インターネットに接続されていない状態をオフラインと呼びます。外出先でネット環境がなかったり、何らかのネットトラブルでオフラインの状態になっていたりするときでも、パソコン側にある共同編集のファイルを編集できます。そして、次にネットにつながったときに、パソコン側の共同編集のファイルに行った修正が自動的に更新されます。

この自動更新機能自体はとても便利なのですが、共同編集の場合には注意が必要です。自分がオフラインで作業を行っている間に、別の人が共同編集のファイルを編集している可能性があるからです。その場合、あとからオンラインにつないだ自分の作業が優先されるので、別の人の編集操作がなかったことになってしまうことがあります（競合コピーといいます）。

こういうことが起きないように、オフラインでの作業について、あらかじめメンバー間で話しあっておきましょう。オフラインでの作業になるのがわかっているなら、チャットでメンバーに知らせておいたり、ファイル名に「オフライン作業中」などと記入しておくなど、ルールを決めておきます。

トラブルで知らないうちにオフラインになっていた場合は、クラウドストレージのバージョン管理機能で前の状態に復元するか、お互いのファイルを比較して、手動でクラウド上の共有ファイルに両方の編集を反映・統合させるしかありません。

◆同じファイルを同時にオフライン作業して更新した場合

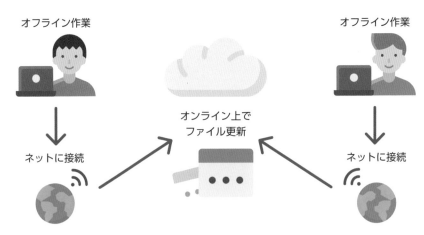

インターネットにつないで同じファイルを更新すると、古いデータの編集内容は削除されてしまいます。

> **A** オフラインからオンラインにつなぐと、ファイルの修正内容は自動的に反映されるので、前もって共有相手に知らせておくなどしましょう。

Part 2

実際にアプリを操作しよう
テレワークツールの操作解説

Chapter 5からはツールの操作方法を解説していきます。テレワークをするうえでは各ツール・アプリの操作は不可欠です。スムーズに作業を行うためにも、ここでマスターしましょう。

Chapter 5では、ビデオ会議ツールとして一躍有名になった「Zoom」について紹介します。基本機能は無料で使えるZoomは、気軽にビデオ会議が行えることもあり、テレワーク以外にもリモート飲み会などでも使われることが増えました。

Chapter 6では、ビジネスチャットツールの「Slack」を紹介します。ワークスペースやチャンネルを作成して、グループや案件などでチャットを細かく管理することができ、ビジネス用のチャットツールとしては非常に優秀な機能を持っています。

Chapter 7では、Officeアプリでも有名なMicrosoftのコラボレーションツール「Microsoft Teams」を紹介します。Microsoftアカウントがあれば、Officeアプリとの連携も非常に簡単にこなすことができます。ビジネスをするうえでMicrosoftアカウントを持っている人は多いので、Officeファイルを共有しながらテレワークツールを活用できる点で優れています。

Chapter 8では、ファイル共有・共同編集に便利なクラウドストレージを紹介します。本書では「Dropbox」と「OneDrive」を解説しています。クラウド上にファイルをアップロードしてやり取りするだけではなく、同じファイルを編集する共有方法なども解説します。

Chapter **5**

ビデオ会議ツール　Zoom

Chapter 5
01
アプリの基本

Zoomを導入しよう

ビデオ会議ツールZoomとは？

　Zoomは、パソコンやスマートフォン、タブレットで利用できるビデオ会議ツールです。簡単な操作でビデオ会議をはじめられることで人気が高まり、テレワークの広まりとともに多くの人が使うようになりました。チャット機能や録画機能、ホワイトボード機能といった、仕事をスムーズに進める機能も充実しています。

　Zoomでのビデオ会議のはじめ方は簡単です。会議を主催するホスト側がミーティングルームを作成し、参加者へ招待メールを送付します。参加者は招待メールに記載されている招待URLをクリックするだけでビデオ会議に参加することができます。招待する側はZoomにユーザーアカウントを登録する必要がありますが、招待される側はアカウントがなくても参加できます

　無料プランの場合、複数人によるビデオ会議は40分までと制限がありますが、1対1であれば無制限で利用可能です（2020年9月時点）。

　有料プランにすると、3人以上の会議でも時間制限がなくなります。また、録画した動画がクラウド上に保存できたり、スマートフォンやタブレットから録画ができたり、ホストを複数設定できたりします。

　Zoomでのビデオ会議は、テレワークでの打ち合わせに最適です。社内メンバーだけでなく、取引先など社外の人との打ち合わせでの利用にも役立ちます。

| Zoomのアカウントを作成する

　Zoomで会議を主催して、相手を招待するには、アカウントの作成が必要です。パソコンでは、アプリをインストールする前にアカウントを作成しておきましょう。Zoomはクラウドベースのサービスなので、アカウントの登録はZoomのWebページから行います。

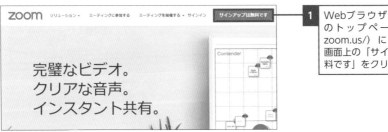

1 Webブラウザーで、Zoomのトップページ（https://zoom.us/）にアクセスし、画面上の「サインアップは無料です」をクリックします。

2 誕生日を設定し、「続ける」をクリックします。

3 アカウントに使うメールアドレスを入力し、「サインアップ」クリックして、メールを送信します。

MEMO

「仕事用メールアドレス」と記載されていますが、個人用でもかまいません。また「サインアップ」をクリックすると、CAPTCHAの機械でないことの確認画面が入ることがあります。

4 「Zoomアカウントをアクティベートしてください」という件名のメールを受信して開きます。メール本文にある「アクティブなアカウント」をクリックします。

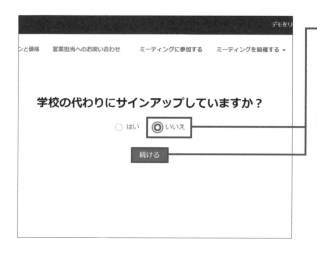

5 Webブラウザーに「学校の代わりにサインアップしていますか？」と表示されるので、「いいえ」をクリックして選択し、「続ける」をクリックします。

MEMO

学校を代表して教育目的でアカウント作成している場合は「はい」をクリックします。その場合、一部有料機能を無料で利用できます。しかし、ほとんどの場合はビジネスで利用するので、「いいえ」をクリックして進めましょう。

Zoomへようこそ

こんにちは、suz***@***com。アカウントが作成されました。続けるには氏名を入力してパスワードを作成してください。

| ひろみ |

| 鈴木 |

| .... |

パスワードは次の通りでなければなりません。
- 文字は8字以上
- 1つ以上の文字（a、b、c...）
- 1つ以上の数字（1、2、3...）
- 大文字と小文字の両方を含む

| .... |

サインアップすることで、プライバシー方針およびサービス規約に同意したことになります。

| 続ける |

6 「Zoomへようこそ」画面が表示されます。名前とパスワードを入力し、「続ける」をクリックします。

MEMO

名前に入力する姓名が、Zoom画面に表示されます。パスワードに利用できる文字の注意を確認して、2か所に同じパスワードを入力します。

仲間を増やしましょう。

仲間を招待して無料のZoomアカウントを作成しましょう！
なぜ招待するのですか？

| name@domain.com |

| name@domain.com |

| name@domain.com |

別のメールを追加

☐ 私はロボットではありません

| 招待 | 手順をスキップする |

7 「仲間を増やしましょう。」画面が表示されるので、ここでは「手順をスキップする」をクリックします。「Zoomへようこそ」画面が表示されると、アカウント作成が完了します。名前は手順**6**で作成した名前で表示されます。

MEMO

以降のサインインは、P.71手順**3**で入力したメールアドレスと、手順**6**のパスワードを使ってサインインします。

Zoomのアプリをインストールする

　Zoomアカウントを作成したら、パソコンにZoomアプリをインストールしましょう。アカウントを作成したP.72手順 **7** の画面を進め、「テストミーティングを開始。」の画面で、「Zoomミーティングを今すぐ開始」をクリックすると、ZoomアプリのインストーラーファイルがWebブラウザーでダウンロードされます。ダウンロードしたインストールファイルを実行して、インストーラーに従えばインストールは完了します。

　インストーラーファイルを手動でダウンロードする場合は、ZoomのWebページ（https://zoom.us/）のページ上部の「リソース」→「Zoomをダウンロード」を選択し、「ミーティング用Zoomクライアント」の「ダウンロード」をクリックします。

ご使用のパーソナルミーティングURL：
https://us04web.zoom.us/j/6364843436?
pwd=MmZRYW1hc0dpaWNoYmJHYzY4VmJHUT09

Zoomミーティングを今すぐ開始　　マイアカウントへ

P.72手順 **7** のあとの画面を進め、「テストミーティングを開始。」画面の「Zoomミーティングを今すぐ開始」をクリックすると、アプリのインストーラーファイルがダウンロードされます。

ソリューション ▼　プランと価格　　　　　　　　　ミーティングをスケジュールする　ミーティングに参加する　ミー

ダウンロードセンター　　　　IT管理者用をダウンロード ▼

ミーティング用Zoomクライアント

最初にZoomミーティングを開始または参加されるときに、ウェブブラウザのクライアントが自動的にダウンロードされます。ここから手動でダウンロードすることもできます。

ダウンロード　　バージョン5.3.0 (52670.0921)

Zoomのページ上部の「リソース」→「Zoomをダウンロード」を選択し、「ミーティング用Zoomクライアント」の「ダウンロード」から、アプリのインストーラーファイルがダウンロードできます。

　「Zoomミーティングを今すぐ開始」からインストーラーを使った場合は、Zoomアプリがビデオ会議をはじめる画面で起動するので閉じます。これでアプリはインストールされています。

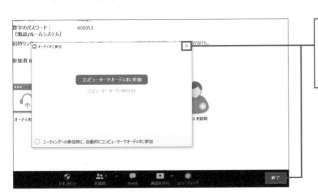

数字のパスワード：　　406953
（電話/ルームシステム）

招待リン   RYW1h.

参加者

コンピューターでオーディオに参加
コンピューター オーディオのテスト

ミーティングへの参加時に、自動的にコンピューターでオーディオに参加

Zoomアプリが起動します。ここでは画面右上の「✕」（閉じる）→「終了」→「全員に対してミーティングを終了」をクリックして閉じます。

| Zoomアプリを起動／終了する

　インストールの最後にZoomの画面を閉じても、タスクバーの右端にある通知領域にアイコンで常駐しています。このアイコンをクリックすると、Zoomアプリのメイン画面が開きます。なお、通知領域にZoomアプリのアイコンがないときは、デスクトップのZoomアイコンをダブルクリックするか、「スタート」メニューのアプリ一覧で「Zoom」→「Zoom」で起動できます。

　Zoomアプリのメイン画面を閉じるには、画面右上の「×」（閉じる）をクリックします。これでメイン画面は閉じますが、通知領域に常駐しているZoomアイコンはそのままです。完全に終了したい場合は、通知領域のZoomアイコンを右クリック→「終了」を選択します。

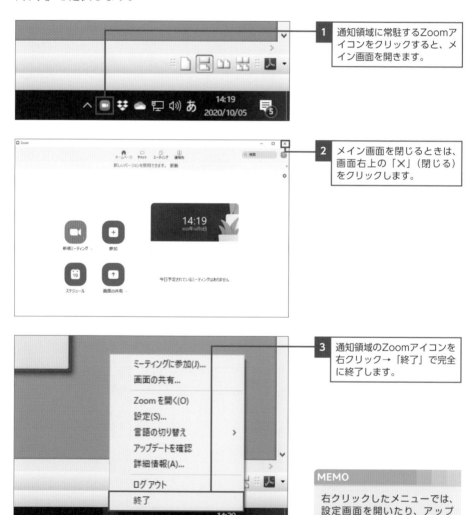

1 通知領域に常駐するZoomアイコンをクリックすると、メイン画面を開きます。

2 メイン画面を閉じるときは、画面右上の「×」（閉じる）をクリックします。

3 通知領域のZoomアイコンを右クリック→「終了」で完全に終了します。

MEMO

右クリックしたメニューでは、設定画面を開いたり、アップデートの確認などができます。

Windows 10のタスクバーの右端の通知領域には、常駐しているアプリのアイコンが表示されます。ただ、表示されるアイコンが多い場合、隠れていることがあります。Zoomアプリのアイコンが隠れている場合は、通知領域の左横にある∧をクリックして、隠れているアイコン一覧を確認してみましょう。

ᵢ.ᵢ スマートフォンの場合

スマートフォンやタブレットでは、先にアプリをインストールしてから、アカウントの作成作業を行います。iPhoneならApp Store、AndroidスマートフォンならPlayストアで、「Zoom」で検索してインストールしましょう。アカウントを作成する場合は、アプリを起動した画面で「サインアップ」をタップして進めます。

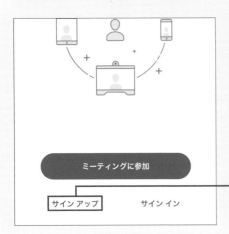

インストールしたらアプリを起動し、「サインアップ」をタップすると、アカウントの作成ができます。

02

Zoomの画面構成を確認しよう

Zoomのメイン画面（ホーム）の画面構成を確認する

❶ホーム
メイン画面をホーム画面にします。

❷チャット
チャット画面にします。

❸ミーティング
自分の会議ルームや予約したルーム、招待されたルームを確認できます。

❹連絡先
Zoomにメンバーを追加したり、追加したメンバーを確認できます。

❺新規ミーティング
ビデオ会議を開始します。

❻参加
招待されている会議に参加できます。

❼スケジュール
ビデオ会議の予約ができます。

❽画面の共有
アプリやWebブラウザーなどパソコン上の画面を共有できます。

❾設定
設定画面を開きます。

Zoomのテレビ会議（ホスト側）の画面構成を確認する

❶ミュート／ミュート解除
マイクのオフ／オンを切り替えることができます。音声の設定が行えます。

❷ビデオの開始／停止
カメラのオフ／オンを切り替えることができます。ビデオの設定が行えます。

❸セキュリティ
参加者の権限管理やミーティングルームのロックなど、セキュリティに関する設定が行えます。

❹参加者
ビデオ会議参加者の一覧表示や、待機室の管理や追加、招待などが行えます。

❺チャット
参加者とチャットが行えます。

❻画面を共有
アプリやWebブラウザーなどパソコン上の画面を参加者と共有できます。

❼レコーディング
ビデオ会議の録画ができます。

❽反応
拍手や賛成などの意思表示をアイコンで行えます。

❾終了
ビデオ会議を終了できます。ホストでない場合は「退室」が表示され、ビデオ会議からの退室ができます。

❿ビューの切り替え
ギャラリービュー／スピーカービューの切り替えができます（上の画面はスピーカービューです）。

アカウントのプロフィールを編集しよう

プロフィールを編集する

アカウントの作成時に入力した名前を変更したい場合など、プロフィールを編集する機会があるでしょう。名前はビデオ会議中にも表示されるので、名前の横に会社名や部署名を入れてもよいでしょう。

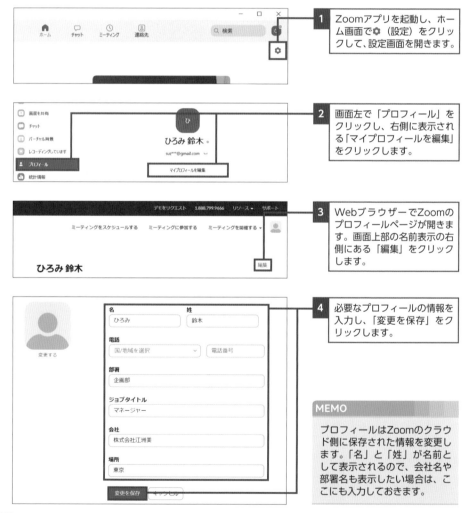

1 Zoomアプリを起動し、ホーム画面で✿（設定）をクリックして、設定画面を開きます。

2 画面左で「プロフィール」をクリックし、右側に表示される「マイプロフィールを編集」をクリックします。

3 WebブラウザーでZoomのプロフィールページが開きます。画面上部の名前表示の右側にある「編集」をクリックします。

4 必要なプロフィールの情報を入力し、「変更を保存」をクリックします。

MEMO

プロフィールはZoomのクラウド側に保存された情報を変更します。「名」と「姓」が名前として表示されるので、会社名や部署名も表示したい場合は、ここにも入力しておきます。

┃ プロフィール画像を変更する

　プロフィール画像を自分の顔写真などに変更すると、会社で同性同名の人がいた場合などにわかりやすくなります。先ほどのプロフィール編集画面のプロフィール画像の下の「変更する」をクリックして、「写真を変更する」画面で指定します。

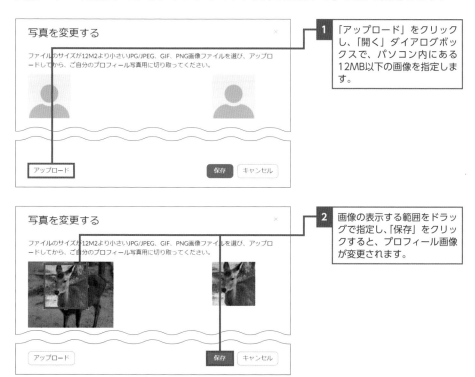

1 「アップロード」をクリックし、「開く」ダイアログボックスで、パソコン内にある12MB以下の画像を指定します。

2 画像の表示する範囲をドラッグで指定し、「保存」をクリックすると、プロフィール画像が変更されます。

📶 スマートフォンの場合　✉ 🔋

　スマートフォンのアプリでは、画面下の「設定」タブを開き、一番上にあるプロフィール画像や名前の表示部分をタップした、「自分のプロファイル」画面で編集できます。「プロファイル写真」をタップして、カメラで撮影するかフォトアルバムから選択ができます。表示名や部門なども、それぞれタップして変更できます。

プロファイル写真	🐱 >
アカウント	
表示名	大塚 輝 >
個人メモ	未設定 >

< 自分のプロファイル

04

Chapter 5

ビデオ会議

ビデオ会議に招待しよう

ビデオ会議に招待する

　ちょっとしたことを聞きたくなったり、すぐに相手と打ち合わせやコミュニケーションを取りたいときには、相手をビデオ会議に招待しましょう。相手のメールアドレスだけで、すぐにビデオ会議に招待できます。

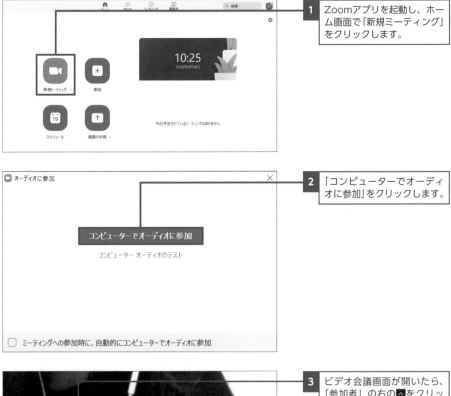

1 Zoomアプリを起動し、ホーム画面で「新規ミーティング」をクリックします。

2 「コンピューターでオーディオに参加」をクリックします。

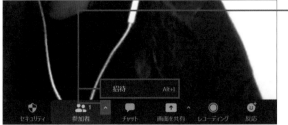

3 ビデオ会議画面が開いたら、「参加者」の右の∧をクリックし、「招待」をクリックします。

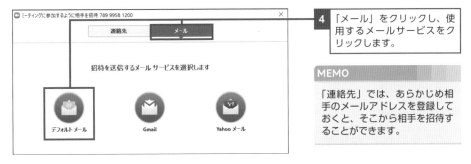

4 「メール」をクリックし、使用するメールサービスをクリックします。

MEMO

「連絡先」では、あらかじめ相手のメールアドレスを登録しておくと、そこから相手を招待することができます。

5 招待URL、ミーティングID、パスコードが入力された状態で新規メール画面が表示されます。宛先を入力し、メールを送信しましょう。

スマートフォンの場合

スマートフォンでは、画面下の「ホーム」タブで「新規ミーティング」をタップし、「ビデオオン」を ◯ にして「ミーティングの開始」をタップします。画面下部の「参加者」→「招待」→「メールの送信」をタップすると、スマートフォンのメールアプリの画面が表示され、本文に招待URL、ミーティングID、パスコードが入力された状態になるので、宛先を入力して相手に送信しましょう。

COLUMN 招待メールに相手が参加をしてきたら

ビデオ会議に招待して、相手が参加をしてきたら、会議に参加することを許可しましょう。許可する場合は、ビデオ会議画面で「参加者」をクリックして、招待した相手の「許可」をクリックします。

Chapter 5

05

ビデオ会議

ビデオ会議に参加しよう

┃ビデオ会議に参加する

　ビデオ会議への招待メールを受信したら、メールに記載のURLをクリックして会議に参加しましょう。会議に参加を表明して、ホスト側が許可をすると画面が切り替わり、ビデオ会議がはじまります。

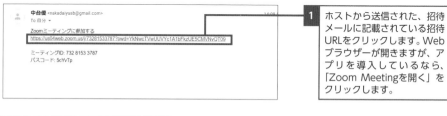

1 ホストから送信された、招待メールに記載されている招待URLをクリックします。Webブラウザーが開きますが、アプリを導入しているなら、「Zoom Meetingを開く」をクリックします。

2 Zoomアプリが開いたら、「ビデオ付きで参加」をクリックします。ホストが参加を許可して、画面に「コンピューターでオーディオに参加」が表示されたらクリックしてビデオ会議に参加します。

📶 スマートフォンの場合

スマートフォンでは、ホストから送信された招待メールに記載されている招待URLをタップし、「ビデオ付きで参加」をタップして、ホストが参加を許可したら「インターネット経由で呼び出す」をタップします。

COLUMN　ミーティングIDとパスワードで参加する

アプリのメイン画面の「ホーム」で「参加」をクリックし、メールにあるミーティングIDを入力して「参加」をクリックします。次の画面でメールのパスワードを入力して「ミーティングに参加」をクリックすると、手順**2**の画面が表示されるようになります。

ビデオ会議を終了する

1 終了したい場合は、「終了」(自分がホストではないビデオ会議では「退出」)をクリックします。

2 「全員に対してミーティングを終了」(自分がホストではないビデオ会議では「ミーティングを退出」)をクリックします。

スマートフォンの場合

スマートフォンでは、画面右上にある「退出」(自分がホストのビデオ会議では「終了」)をタップし、「会議を退出」(自分がホストのビデオ会議では「全員に対してミーティングを終了」)をタップして終了します。

COLUMN **マイクやカメラをオン/オフする**

会議に参加中、マイクやカメラをオフにすることができます。マイクをオフにすると、こちらの音声はほかの参加者には聞こえないようにミュートとなります。また、カメラをオフにすると、こちらの画面が名前の表示となり、音声のみでの参加ができます。

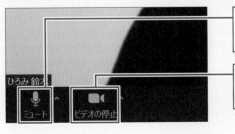

「ミュート」をクリックすると、マイクがオフになります。オンに戻すには、「ミュート解除」をクリックします。

「ビデオの停止」をクリックすると、カメラがオフになります。オンに戻すには、「ビデオの開始」をクリックします。

Chapter 5

06

ビデオ会議

ビデオ会議のビューの
表示を変更しよう

┃スピーカービューとギャラリービューの切り替え

　ビデオ会議の画面は最初はスピーカービューで表示されます。これは、発言している人が中央に大きく表示され、発言者が変わると切り替わります（P.77）。ほかの会議参加者は上に小さく表示されます（自分も表示されています）。

　ビュー画面は、ほかにもギャラリービューに変更できます。ギャラリービューは参加者の画面が全部同じ大きさで表示され、発言者には光った枠や下線が表示されるようになります。

1 ビデオ会議画面で、右上の「表示」をクリックします。

2 「ギャラリービュー」をクリックします。

MEMO

ビデオ通話画面のウィンドウは、通常のウィンドウと同じようにサイズを変更できます。「全画面表示の開始」では全画面表示になります。

3 参加者が同じ大きさのギャラリービューで表示されます。

MEMO

人数が増えても全員が同じ大きさになるので、増えるだけ1人1人の表示は小さくなっていきます。

参加者の表示位置を変更する

　ギャラリービューでは、参加者の表示位置を移動させることができます。進行役を見やすい位置にしておきたいときなどに使うとよいでしょう。

5

ビデオ会議ツール　Zoom

> **1** 位置を入れ替える参加者のビデオをクリックして、入れ替える位置にドラッグ＆ドロップで移動します。

> **2** ドロップした位置の参加者のビデオと入れ替わります。

MEMO

位置を変更すると「表示」をクリックしたメニューに「ビデオの順番をリセット」が表示されるので、元の表示位置に戻すことができます。

COLUMN　ホストが参加者の表示位置を指定する

ホストがギャラリービューの配置を変更すると、「表示」をクリックしたメニューに「ホストのビデオの順番に従う」が表示されます。これは、ホストのギャラリービューの配置に、参加者の配置も合わせて表示させる機能です。左上には常に進行役や主な説明者を配置するといったときに使うとよいでしょう。

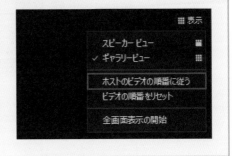

ビデオと音声の調整を行おう

カメラの選択とビデオ映りの補正をする

　カメラの映像が映らないときは、設定の「カメラ」が正しく指定されているか確認しましょう。複数のカメラを接続している場合は、利用するカメラを選択します。

　また、設定では、ビデオ映りの補正をすることができます。多少ではありますが、肌などを綺麗に補正することができるので、映りが気になる場合は利用してみましょう。

1 ビデオ会議画面で、左上の🛡→⚙をクリックします。

MEMO

ビデオ画面の「ビデオを開始／停止」の右の⌃→「ビデオ設定」でも、設定の「ビデオ」が開きます。

2 設定が開いたら、画面左で「ビデオ」をクリックします。「カメラ」で利用するカメラ機器を指定します。複数のカメラが接続されているならクリックしてリストから選択します。

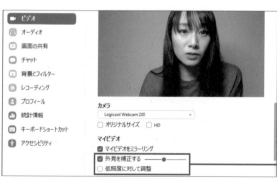

3 「マイビデオ」にある「外見を補正する」にチェックを入れると、スライドバーで外見補正の調整ができます。「低照度に対して調整」にチェックを入れると、暗い照明のときに少し明るい映りに調整します。

音声の調整をする

　設定には、音声（オーディオ）の調整もあります。スピーカーやヘッドフォンの出力機器、マイクの入力機器を選択しましょう。

　また、環境雑音の抑制を設定することができます。抑制の強度の設定もできるので、環境雑音が大きい場合は強めに設定しておくとよいでしょう。その場合は、少し大きめの声で話さないと雑音として消されてしまう場合があるので注意しましょう。

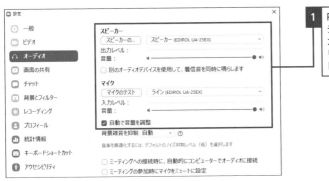

1 P.86手順**2**の画面で、「オーディオ」をクリックし、スピーカーとマイクの機器名をクリックして選択したり、音量レベルを調節したりします。

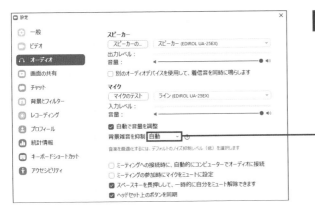

2 環境雑音を抑制する場合は、「背景雑音を抑制」の右にあるボックスをクリックします。

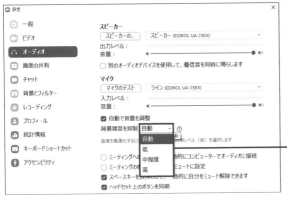

3 抑制レベルを選択します。

MEMO

通常は「自動」でよいでしょう。周囲の騒音が大きいときは、「高」に設定してみましょう。

Chapter 5

08

ビデオ会議

参加者を追加しよう／
退出させよう

参加者をあとから追加する

　ビデオ会議中に「この案件の説明ではあの人が必要だな」という場合があります。その場合は、会議中に参加者を追加しましょう。ビデオ会議画面から招待メールを送るには、P.80の手順 **3** の方法で行えますが、ビデオ会議の参加者一覧の画面下の「招待」からも行えますので、ここではその方法を紹介します。

1 ビデオ会議中の参加者を一覧表示する場合は、ビデオ会議画面で画面下部の「参加者」をクリックします。

2 画面右側にビデオ会議の参加者が一覧表示されます。その画面下の「招待」をクリックして、追加する相手に招待メールを送ります。

招待　　　すべてミュート　　　…

MEMO

「招待」をクリックすると、P.81の手順 **4** の画面が開くので、追加する相手に招待メールを送ります。

📶 スマートフォンの場合 ✉ 🔋

　スマートフォンでは、ビデオ会議画面で画面下部の「参加者」をタップして、「招待」をタップし、追加する人に招待メールを送りましょう。

参加者を退出させる

公開会議などで不適切な発言や行動を行っている参加者に対しては、強制的に退出させることができます。社内の会議では使うことはないでしょうが、会社の信用にも関わる場合のために機能として覚えておくとよいでしょう。

1 ビデオ会議画面で、強制的に退出させたい参加者の映像を右クリックし、「削除」をクリックします。

2 「削除」をクリックします。

📶 スマートフォンの場合

スマートフォンでは、ビデオ会議画面下部の「参加者」をタップし、退出させたい参加者をタップします。メニュー項目が表示されるので、「削除」→「はい」をタップすると、強制的に退出させることができます。一時的に退出させたい場合は「待機室に送る」をタップしましょう（下のコラム参照）。

COLUMN 参加者を一時的に待機室に送る

参加者を削除すると、再度同じビデオ会議に参加することはできなくなりますが、上の手順**1**の画面のメニューで「待機室に送る」をクリックすると、一時的に参加者を退室させることができます。退室させた参加者に再び参加してもらうには、画面下の「参加者」をクリックし、右側に表示される参加者一覧の画面で、「待機中です」にある参加者名にマウスポインターを合わせ、「許可する」をクリックしましょう。

ビデオ会議の背景を変更しよう

┃ ビデオの背景を変更する

　ビデオの背景に部屋を見せたくないといった要望に応えて、Zoomにはバーチャル背景の機能が用意されました。なお、背景は用意されているものだけではなく、好きな画像ファイルを設定することもできます。

1 メイン画面の「ホーム」で✿（設定）をクリックします。

MEMO

ビデオ会議画面の下に表示される「ビデオの開始／停止」の右に▲→「バーチャル背景を選択」をクリックしても、設定の「背景とフィルター」が表示できます。

2 「背景とフィルター」をクリックします。

3 はじめて設定するときは、「スマートバーチャル背景パッケージをダウンロードしますか？」と表示されるので、「ダウンロード」をクリックします。

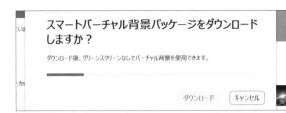

4 スマートバーチャル背景パッケージのダウンロードが開始します。

5 「バーチャル背景」をクリックし、利用したい画像をクリックすると、設定されます。

MEMO

「ビデオフィルター」では、画面に色フィルターをかけたり、イラストなどを配置することができます。

ᵢᵢᵢ スマートフォンの場合

スマートフォンでは、ビデオ会議中に画面下部の「詳細」をタップし、「バーチャル背景」をタップすることで設定できます。

COLUMN 好きな画像を背景にする

ダウンロードしたスマートバーチャル背景以外の画像や動画を背景にしたい場合は、手順 5 の画面で ⊕ をクリックし、「画像を追加」をクリックします。「背景画像を選択します。」ダイアログボックスが表示されるので、パソコン内にある背景に利用したい画像を選択して「開く」をクリックすると、手順 5 の画面の画像一覧に追加されます。

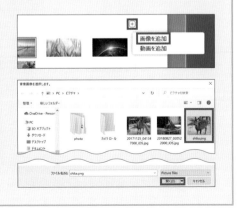

Chapter 5

10

ビデオ会議

パソコン画面を共有しよう

パソコン画面を共有する

　ビデオ会議中に、開いているWebブラウザーやExcel、PowerPointなどのアプリ画面をビデオ会議画面に映して、参加者全員に見てもらえる機能があります。資料を表示して、よりわかりやすく相手に説明することができるでしょう。なお、参加側が画面共有を行うには、ホスト側に許可してもらう必要があります。

1 ビデオ会議の画面で、「画面を共有」をクリックします。

2 「共有するウィンドウまたはアプリケーションの選択」画面が表示されます。共有したい画面を選択し、「共有」をクリックします。

3 画面が参加者と共有されます。「共有の停止」をクリックすると、画面の共有が終了します。

COLUMN　　**参加者の画面共有を許可する**

初期状態では、画面を共有できるのはホストのみです。参加者も画面の共有をするには、ホストがビデオ会議の画面で、「セキュリティ」をクリックし、「参加者に次を許可：」の下にある「画面を共有」をクリックしてチェックを入れておく必要があります。

共有画面にコメントを付ける

共有した画面には、テキストや線を入れることができるコメント機能が利用できます。この機能を使えば、映した画面のどこを説明しているかがわかりやすくなったり、補足情報を加えたりすることができます。この機能は、ホストや参加者に関係なく利用することができます。

1 P.92手順3の画面で画面上部にマウスポインターを合わせると、メニューバーが表示されます。「コメントを付ける」をクリックします。

2 コメントに関するメニューが表示され、テキストを書いたり線を引いたりできるようになります。ここでは、「絵を描く」をクリックします。

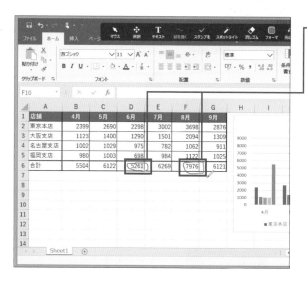

3 マウスポインターが✎に変わり、画面上に線を描くことができます。

COLUMN **参加者もコメントが付けられる**

ホストが共有している画面でも、参加者全員がコメントを付けられます。参加者側のビデオ会議の画面上部の「オプションを表示」をクリックし、「コメントを付ける」をクリックしましょう。

ホワイトボードを使おう

Chapter 5

11

ビデオ会議

ホワイトボードを表示する

　画面共有の機能を利用した使い方として、ホワイトボード機能があります。リアルな会議室のホワイトボードと同じように使えます。また、ホスト側が許可すれば、参加者側もホワイトボードに書き込みをすることができます。

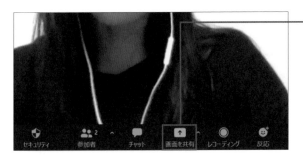

> **1** ビデオ会議の画面で、「画面を共有」をクリックします。

> **2** 「共有するウィンドウまたはアプリケーションの選択」画面が表示されます。「ホワイトボード」をクリックし、「共有」をクリックします。

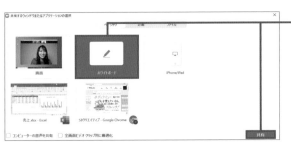

> **3** 画面共有がはじまります。

MEMO

「共有の停止」をクリックすると、ホワイトボードが終了し、ビデオ会議の画面に戻ります。

4 ホワイドボードのメニューが表示されていない場合は、画面上部にマウスポインターを合わせて、メニューバーで「ホワイトボード」をクリックします。

5 ホワイトボードのメニューが表示され、テキストを入力したり線を引いたりできるようになります。参加者側は、ビデオ会議の画面上部の「オプションを表示」をクリックし、「コメントを付ける」をクリックすると、ホストが表示させたホワイトボードに対して、参加者も書き込むことができます。

スマートフォンの場合

スマートフォンでは、ホストのビデオ会議の画面で画面下部の「共有」をタップし、「ホワイトボードの共有」をタップすると利用できます。なお、利用できるのはAndroid版アプリのみとなります（2020年9月現在）。

COLUMN 作成したホワイトボードを保存する

作成したホワイトボードは、画像として保存することができます。手順 5 のホワイトボードのメニューに表示されている「保存」をクリックすると、パソコン内の「ドキュメント」フォルダーに「Zoom」フォルダーが作成され、画像ファイルが保存されます。

Chapter 5

12

ビデオ会議

ビデオ会議を録画しよう

ビデオ会議を録画する

　会議内容を議事録にしたり、参加できなかった人のために録画することができます。Zoomで録画すると、ビデオファイルと音声だけのファイルの2つが作られます。録画はビデオ会議終了後、ファイル変換されて保存されます。

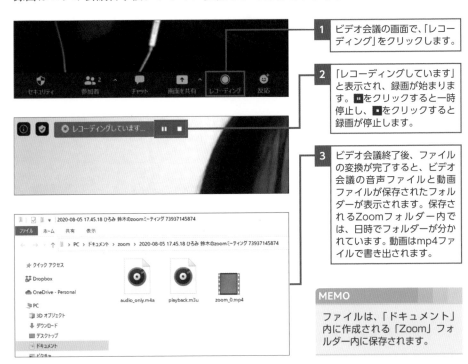

1 ビデオ会議の画面で、「レコーディング」をクリックします。

2 「レコーディングしています」と表示され、録画が始まります。■をクリックすると一時停止し、■をクリックすると録画が停止します。

3 ビデオ会議終了後、ファイルの変換が完了すると、ビデオ会議の音声ファイルと動画ファイルが保存されたフォルダーが表示されます。保存されるZoomフォルダー内では、日時でフォルダーが分かれています。動画はmp4ファイルで書き出されます。

MEMO

ファイルは、「ドキュメント」内に作成される「Zoom」フォルダー内に保存されます。

COLUMN　参加者の録画を許可する

ホストのビデオ会議中の画面で、参加者の顔が表示されている画面を右クリックし、「レコーディングの許可」をクリックすると、参加者も録画ができるようになります。録画を禁止に戻すには、同様に右クリックして「レコーディングを禁止」をクリックします。

録画の設定を行う

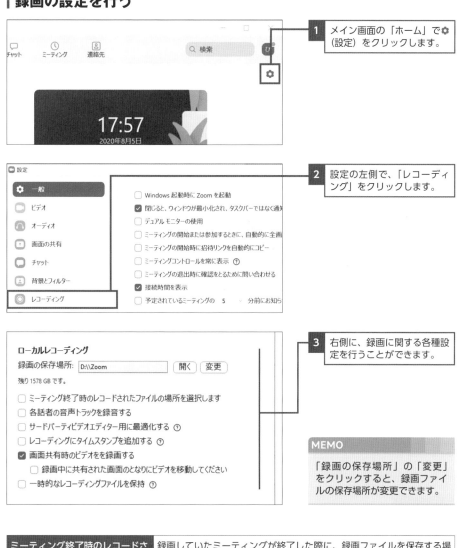

1 メイン画面の「ホーム」で✿ (設定) をクリックします。

2 設定の左側で、「レコーディング」をクリックします。

3 右側に、録画に関する各種設定を行うことができます。

MEMO

「録画の保存場所」の「変更」をクリックすると、録画ファイルの保存場所が変更できます。

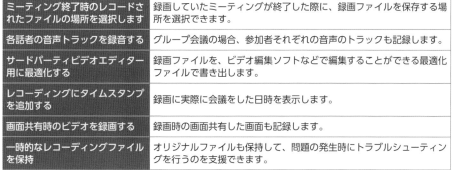

ミーティング終了時のレコードされたファイルの場所を選択します	録画していたミーティングが終了した際に、録画ファイルを保存する場所を選択できます。
各話者の音声トラックを録音する	グループ会議の場合、参加者それぞれの音声のトラックも記録します。
サードパーティビデオエディター用に最適化する	録画ファイルを、ビデオ編集ソフトなどで編集することができる最適化ファイルで書き出します。
レコーディングにタイムスタンプを追加する	録画に実際に会議をした日時を表示します。
画面共有時のビデオを録画する	録画時の画面共有した画面も記録します。
一時的なレコーディングファイルを保持	オリジナルファイルも保持して、問題の発生時にトラブルシューティングを行うのを支援できます。

Chapter 5

13

チャット

チャットでメッセージを
送信／受信しよう

┃ メッセージを送信する

　ビデオ会議中にメールアドレスやURLなどをテキストで知らせたいときや、内容をメモにしたいときはチャット機能を使うとよいでしょう。また、メッセージの送り先を全員ではなく個別の相手に送ることもできます。

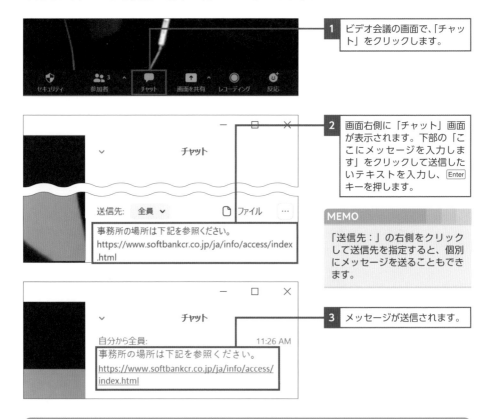

1 ビデオ会議の画面で、「チャット」をクリックします。

2 画面右側に「チャット」画面が表示されます。下部の「ここにメッセージを入力します」をクリックして送信したいテキストを入力し、[Enter]キーを押します。

MEMO

「送信先：」の右側をクリックして送信先を指定すると、個別にメッセージを送ることもできます。

3 メッセージが送信されます。

📶 スマートフォンの場合

スマートフォンでは、ビデオ会議の画面で画面下部の「詳細」→「チャット」をタップするとチャットが利用できます。

▌受信したメッセージに返信する

　参加者の誰かがチャットを送ってきた場合は、通知が表示されます。チャットを
確認して、返信をしましょう。

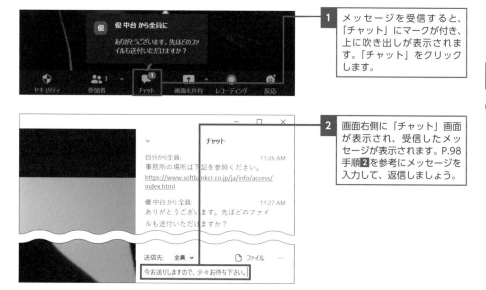

1 メッセージを受信すると、「チャット」にマークが付き、上に吹き出しが表示されます。「チャット」をクリックします。

2 画面右側に「チャット」画面が表示され、受信したメッセージが表示されます。P.98手順**2**を参考にメッセージを入力して、返信しましょう。

COLUMN　**ビデオ会議中にリアクションをする**

ビデオ会議中に挙手をしたい場合は、画面下部の「反応」をクリックし、👏をクリックすると、自分の顔の映像に拍手のアイコンが表示されます。同様に「反応」をクリックして👍をクリックすると、賛成のアイコンが表示されます。どちらも10秒ほどでアイコンは自然に消えます。発言したいときに挙手する代わりに、反応の拍手などのアイコンで、挙手として扱うといったルールを決めておくと、発言したいときに便利でしょう。

1 「反応」をクリックして、使いたいリアクションをクリックします。

2 リアクションをすると、自分の映像にリアクションが表示されます。

チャットでファイルを送信しよう

ファイルを送信する

画面共有でデータファイルを参加者全員に見てもらうだけではなく、送付して確認してもらいたい場合は、チャットでファイル添付をして送付することができます。

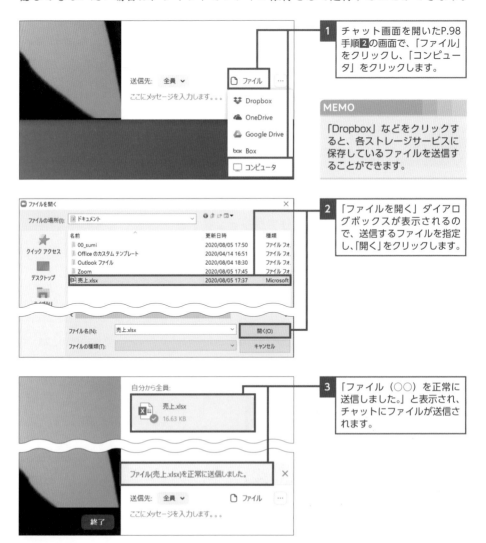

1 チャット画面を開いたP.98手順2の画面で、「ファイル」をクリックし、「コンピュータ」をクリックします。

MEMO

「Dropbox」などをクリックすると、各ストレージサービスに保存しているファイルを送信することができます。

2 「ファイルを開く」ダイアログボックスが表示されるので、送信するファイルを指定し、「開く」をクリックします。

3 「ファイル（○○）を正常に送信しました。」と表示され、チャットにファイルが送信されます。

受信したファイルをダウンロードする

ファイルを受信したら、ダウンロードして表示しましょう。

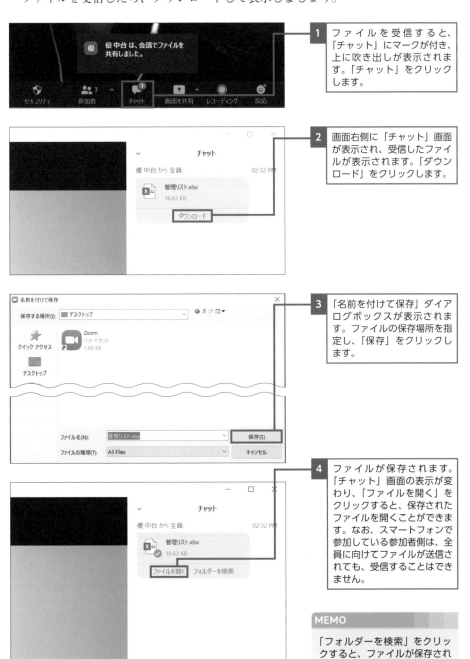

1 ファイルを受信すると、「チャット」にマークが付き、上に吹き出しが表示されます。「チャット」をクリックします。

2 画面右側に「チャット」画面が表示され、受信したファイルが表示されます。「ダウンロード」をクリックします。

3 「名前を付けて保存」ダイアログボックスが表示されます。ファイルの保存場所を指定し、「保存」をクリックします。

4 ファイルが保存されます。「チャット」画面の表示が変わり、「ファイルを開く」をクリックすると、保存されたファイルを開くことができます。なお、スマートフォンで参加している参加者側は、全員に向けてファイルが送信されても、受信することはできません。

MEMO

「フォルダーを検索」をクリックすると、ファイルが保存されたフォルダーが開きます。

5

ビデオ会議ツール Zoom

Chapter 5

15

ビデオ会議

参加者の権限を変更しよう

参加者ができることを管理する

　主催者はビデオ会議への参加者が何ができて、何ができないかといったことを管理できます。参加者の権限を変更することで、円滑にビデオ会議を進められることがあります。発言者以外をミュートにするなどするとよいでしょう。

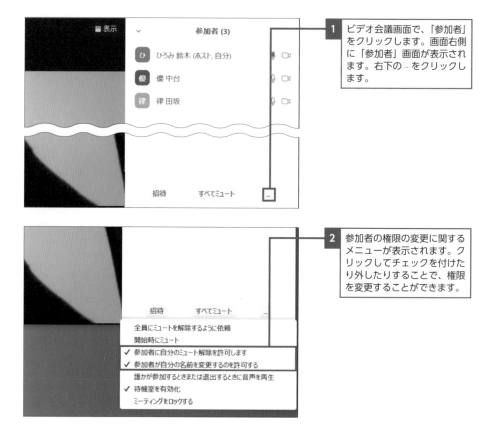

1 ビデオ会議画面で、「参加者」をクリックします。画面右側に「参加者」画面が表示されます。右下の … をクリックします。

2 参加者の権限の変更に関するメニューが表示されます。クリックしてチェックを付けたり外したりすることで、権限を変更することができます。

参加者に自分の ミュート解除を許可します	ホストが全員をミュートしたときに、参加者が自分でミュートを解除できる許可を設定します。
参加者が自分の名前を変更 するのを許可する	参加者が会議中に名前を変更して表示できる権限の可／不可を設定します。

参加者にホストの権限を渡す

　ビデオ会議を進行するのに、ホストはさまざまな設定をしたりします。ホストが自分でやるのではなく、誰か別の人にしてもらいたい場合は、特定の参加者にホストの権限を渡すとよいでしょう。

1 ホストにしたい参加者の顔の画面を右クリックし、「ホストにする」をクリックします。

2 「ホストを○○に変更しますか？」と表示されるので、「はい」をクリックします。

3 デスクトップ画面の右上に「○○は現在ホストになっています」と表示され、ホストの権限が変更されます。

📶 スマートフォンの場合

　スマートフォンの場合、ビデオ会議の画面で「参加者」をタップし、ホストにしたい参加者をタップして、「ホストにする」をタップします。「ホストを○○に変更しますか？」と表示されるので、「OK」をタップすると、ホストの権限が変更されます。

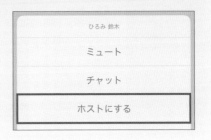

Chapter 5
16
ビデオ会議

スケジュールを設定して ビデオ会議をしよう

スケジュールを設定する

あらかじめ会議を予約しておき日時を参加者に伝えることで、急な会議で慌てることなくしっかり準備をしたうえで会議を行うことができます。会議のスケジュールを設定して、参加者にメールで知らせましょう。

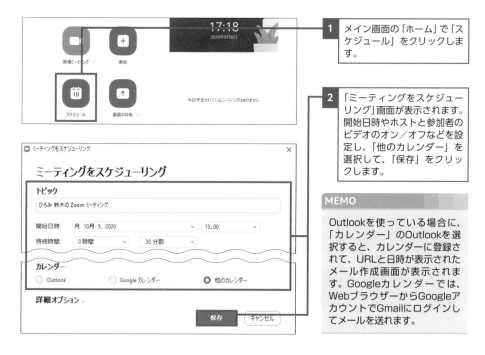

1 メイン画面の「ホーム」で「スケジュール」をクリックします。

2 「ミーティングをスケジューリング」画面が表示されます。開始日時やホストと参加者のビデオのオン／オフなどを設定し、「他のカレンダー」を選択して、「保存」をクリックします。

MEMO

Outlookを使っている場合に、「カレンダー」のOutlookを選択すると、カレンダーに登録されて、URLと日時が表示されたメール作成画面が表示されます。Googleカレンダーでは、WebブラウザーからGoogleアカウントでGmailにログインしてメールを送れます。

トピック	会議名、開始日、開始時間、目安となる会議時間を設定します。また、定期的に開く会議の場合は「定期的なミーティング」にチェックを付けます。
ミーティングID	ミーティングIDを設定できます。
パスワード	任意のパスワードに設定することができます。
ビデオ	ビデオ会議開始時にホストと参加者のビデオをオン／オフに設定できます。
カレンダー	ビデオ会議の予定をOutlookやGoogleカレンダーに登録することができます。招待メールもすぐに送ることができます。
詳細オプション	ホストより前に参加者の参加を有効にすることなどが設定できます。

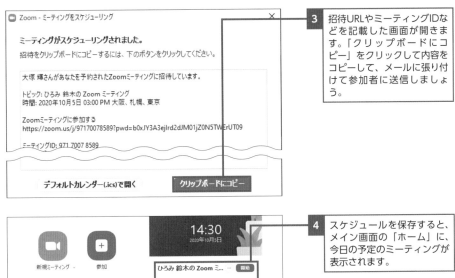

3 招待URLやミーティングIDなどを記載した画面が開きます。「クリップボードにコピー」をクリックして内容をコピーして、メールに張り付けて参加者に送信しましょう。

4 スケジュールを保存すると、メイン画面の「ホーム」に、今日の予定のミーティングが表示されます。

予約したビデオ会議を知らせる

　スケジュールを送ったあとに、追加でほかの人にも会議の通知を送りたいこともあるでしょう。その場合は、メイン画面の「ミーティング」を開いて、招待内容をコピーして、メールを送るようにしましょう。

1 メイン画面で「ミーティング」をクリックします。

2 画面左の招待したいミーティングをクリックし、右側の「招待をコピー」をクリックします。メールに張り付けて参加者に送信します。

MEMO

「編集」で会議の予定の変更、「削除」で会議をキャンセルできます。ただし、変更や削除をしたときは、参加者にメールで知らせておくようにしましょう。

予約した会議を開く

　会議のホスト側の場合は、メイン画面の「ホーム」に予約した今日の会議が表示されるので、「開始」をクリックしてビデオ会議をはじめられます。また、メイン画面の「ミーティング」の左側の会議一覧から選択して「開始」をクリックしても同じです。なお、参加者が待合室にいる場合は、「許可する」をクリックすると、会議に参加させることができます。

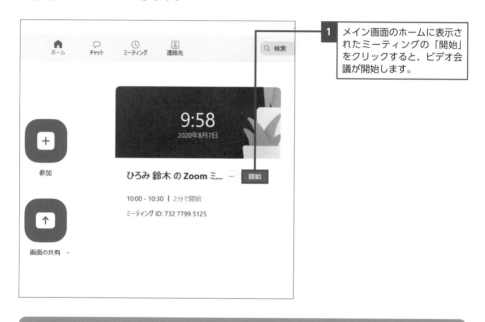

1 メイン画面のホームに表示されたミーティングの「開始」をクリックすると、ビデオ会議が開始します。

📶 スマートフォンの場合

スマートフォンの場合、画面下の「ホーム」タブを開き、で「スケジュール」をタップすると、「ミーティングのスケジュール」画面が表示されます。ミーティング名や開始日時、参加者のビデオのオン／オフなどを設定し、「保存」をタップします。次の画面で内容を確認して必要があれば編集し、「追加」をタップします。予約した会議にメンバーを追加するには、「ホーム」タブで「ミーティング」をタップし、該当するビデオ会議をタップして、「招待者の追加」をタップし、相手にメールやメッセージ（SMS）を送りましょう。

Chapter **6**

ビジネスチャットツール
Slack

Slackを導入する

Chapter 6

01

アプリの基本

Slackについて

Slackは、2013年にアメリカでリリースされたビジネスチャットツールで、日本の多くの企業でも導入が進んでいます。同時接続するユーザー数は全世界で1,000万人を超えている人気ツールです。案件や話題ごとに専用のチャンネルを作ることで、仕事やチーム内のコミュニケーションを円滑に進めることができ、業務の効率を上げることができます。

Slackには、チャットでのメッセージやファイルのやり取りだけでなく、音声やビデオでの通話、画面共有など、業務に役立つ機能が用意されています。また、ZoomやDropbox、Googleカレンダーといった他の外部サービスとの連携機能も豊富です。例えば、各サービスの通知をSlackで一括管理して、通知を見逃さないようにすることもできます。

Slackは基本機能が使える無料のフリープランの他に、中小企業向けのスタンダードプラン（850円／月）、大企業向けのプラスプラン（1,600円／月）など幅広いプランが用意されています。個人では無料プランで十分だと思いますが、会社で導入するなら機能を検討して、目的に合ったプランを選択するようにしましょう。

フリー	スタンダード	プラス
月額無料	月額850円	月額1,600円
小規模チームやお試しで使いたい人向け	中小企業向け	大企業や高度な管理をしたい場合向け
チームの直近のメッセージ 10,000件にアクセス	（フリープランのすべての機能に以下をプラス）	（スタンダードプランのすべての機能に以下をプラス）
Googleドライブ、Office 365やその他アプリなど10個のアプリと連携	メッセージ履歴を無制限にアクセス可能	高度なID管理とOneLogin、Okta、Pingとアクティブディレクトリのリアルタイム同期
チームメンバー同士で 1 対 1 の音声通話やビデオ通話	連携アプリを無制限で利用可能。タイムリーな情報とアクションを一元化	すべてのメッセージの Corporate Export（コーポレートエクスポート）でコンプライアンス要件を充足
	最大15人まで参加可能なグループ音声通話やグループビデオ通話による対面型のコミュニケーション	99.99%のアップタイム年中無休・24時間体制のサポート

Slack

パソコン向けのSlackアプリをインストールする

　Slackは、パソコンのアプリ、Webブラウザーからの利用、スマートフォン（タブレット）向けのアプリなど、利用環境に合わせて使うことができます。本書では主にパソコン向けのアプリの操作で紹介していきます。パソコン向けアプリは、Slackの公式サイトからインストールファイルをダウンロードして実行し、インストーラーの指示に従っていけばインストールされます。

1 Slackの公式サイト (https://slack.com/intl/ja-jp/) にアクセスして、画面下の「Slackをダウンロード」をクリックします。

2 OSに合わせていずれかの「ダウンロード」をクリックして、ダウンロードしたインストールファイルを実行します。インストーラーの指示に従ってインストールしましょう。

　インストールの最後にアプリが起動し、「サインイン」と表示され、そこから新規のアカウントの作成もできますが、ここではアプリを終了しておいても大丈夫です。アカウントは、会社で導入しているなら会社側で管理し、無料での利用の場合は個人でアカウントを作成します。アカウントの作成については、ワークスペースを作成するときや（P.113）、参加するとき（P.116）に作成しましょう。

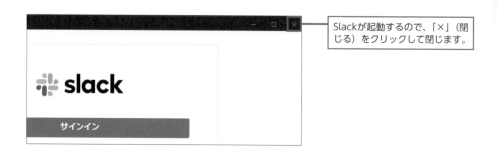

Slackが起動するので、「×」（閉じる）をクリックして閉じます。

Slackアプリの起動と終了

　Slackアプリは、パソコンの起動時に自動起動して、タスクバーの右端の通知領域にアイコンが常駐します。また、デスクトップにもSlackのアイコンが作成されています。Slackアプリを開くときには、デスクトップか通知領域のSlackアイコンをクリックします。

　開いたSlackアプリは、画面右上の「×」（閉じる）で閉じますが、アプリは常駐したままです。完全に終了したい場合は、通知領域のSlackアイコンを右クリック→「終了」をクリックします。完全に終了している場合に起動するには、デスクトップのSlackアイコンをダブルクリックするか、「スタート」メニューから起動するようにします。

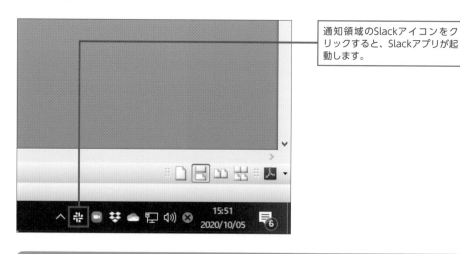

通知領域のSlackアイコンをクリックすると、Slackアプリが起動します。

▁▂ スマートフォンの場合

Slackにはスマートフォン向けのアプリもあります。iPhoneならApp Store、AndroidスマートフォンならPlayストアで、「Slack」で検索してインストールしておきます。出先からでも利用できるので便利です。

Chapter 6

02

アプリの基本

Slackの画面構成

┃ パソコンのSlackアプリの画面構成

　Slackのパソコン向けアプリは、シンプルでわかりやすい画面構成になっています。基本的には、左側のサイドバーに表示される、チャンネルやメンバーの一覧からアクセスして、操作を行っていきます。

①	ワークスペース 切り替えタブ	複数のワークスペースに参加している場合に、タブのアイコンで切り替えます。1つのワークスペースにしか参加していないときには表示されません。
②	ワークスペース名	ワークスペース名が表示されます。
③	サイドバー	チャンネルやダイレクトメッセージの他、スレッドやメンション、ブックマークなど各種メニューにアクセスできます。
④	検索ボックス	メッセージやチャンネル、ファイルなどを検索できます。
⑤	チャットスペース	チャンネルやダイレクトメッセージでのやり取りが表示されます。
⑥	入力欄	メッセージを入力できます。
⑦	詳細画面	各チャンネルやメンバーの詳細を個々に確認したり設定したりできます。

6

(#) ビジネスチャットツール　Slack

ワークスペースを
作成しよう

ワークスペースとは？

　ワークスペースとは、かんたんにいえば共有スペースのことです。ワークスペース内に部署やプロジェクトごとにチャンネルを作成でき、メンバーを招待することで、コミュニケーションを図ることができます。

　また、個々のメンバーにダイレクトメッセージを送ることもできます。メンバー全員で共有したい内容はチャンネルで、個別に伝えたいことがあるときはダイレクトメッセージを使うなど、目的に応じて使い分けるとよいでしょう。

　複数のワークスペースに参加しているなら、画面左のワークスペースのアイコンのタブで切り替えられます。画面左上のワークスペース名が、アプリが表示しているワークスペースになり、ここをクリックして各種設定が行えます。ワークスペースを有効活用して、業務を効率的に行いましょう。

◆アプリでワークスペースを表示したところ

MEMO

ワークスペースごとにアカウントが作成されます。Slackでは
ワークスペースを切り替えることはアカウントを切り替えるの
と同じことになります。

ワークスペースを作成する

　Slackの基本となるワークスペースを作成しましょう。アプリをインストールしたばかりの段階では、WebブラウザーでSlackのスタートページ（https://slack.com/intl/ja-jp/getstarted/）にアクセスしてワークスペースを作成します。

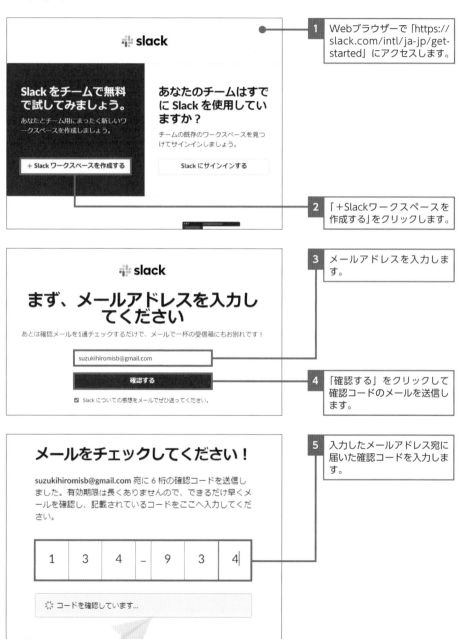

1　Webブラウザーで「https://slack.com/intl/ja-jp/get-started」にアクセスします。

2　「+Slackワークスペースを作成する」をクリックします。

3　メールアドレスを入力します。

4　「確認する」をクリックして確認コードのメールを送信します。

5　入力したメールアドレス宛に届いた確認コードを入力します。

社名またはチーム名を教えてください。

企画編集部

次へ

続行することにより、Slack のカスタマー向けサービス利用規約、プライバシーポリシー、およびCookie ポリシーに同意したものとみなされます。

6	社名またはチーム名を入力します。これがワークスペースになります。

7	「次へ」をクリックします。

今チームで取り組んでいるプロジェクト名を１つあげてみてください。

新商品企画

次へ

8	プロジェクト名を入力します。

9	「次へ」をクリックし、画面の指示に従って進むとワークスペースが作成されます。

Slack を開きますか？

https://linkup-nvo9863.slack.com がこのアプリケーションを開く許可を求めています。

☐ linkup-nvo9863.slack.com でのこのタイプのリンクは常に関連付けられたアプリで開く

Slack を開く   キャンセル

Slack でリンクを開いています...

間もなく リダイレクトします。
アプリがまだインストールされていませんか？ デスクトップ版 Slack をダウンロードする

または、このリンクをブラウザで開くこともできます。

10	ワークスペースが作成できるとWebブラウザーに「Slackを開きますか？」と聞かれますので、「Slackを開く」ボタンをクリックすると、作成したワークスペースの状態でSlackアプリが開きます。

▌メンバーを招待する

　ワークスペースを作成したら参加するメンバーを招待しましょう。アプリからは、画面左上のワークスペース名をクリックしてメニューを開き、「メンバーを以下に招待：（ワークスペース名）」をクリックして、メールアドレスを指定して招待メールを送ります。

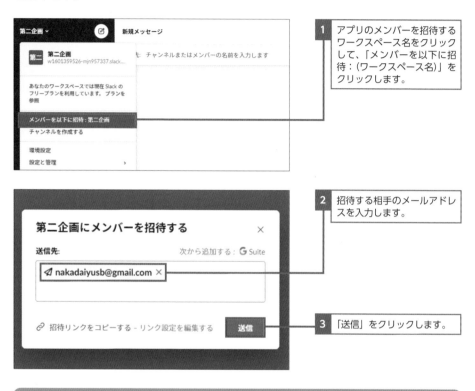

1 アプリのメンバーを招待するワークスペース名をクリックして、「メンバーを以下に招待：（ワークスペース名）」をクリックします。

2 招待する相手のメールアドレスを入力します。

3 「送信」をクリックします。

ᴵᴵᴵ スマートフォンの場合

　スマートフォンからワークスペースにメンバーを招待することもできます。外出先などでパソコンが使えないときでも便利です。

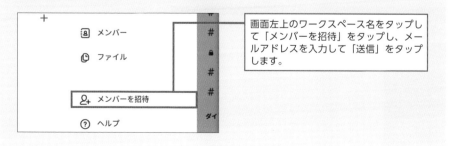

画面左上のワークスペース名をタップして「メンバーを招待」をタップし、メールアドレスを入力して「送信」をタップします。

ワークスペースに参加しよう

招待メールから参加する

ワークスペースへの招待メールが届いたら、すぐに参加してみましょう。Webブラウザーでアカウントを作成しながら参加手続きを行います。参加してアプリを開くと、ワークスペースに参加した状態で開きます。

1 ワークスペースへの招待メールが届いたら、「今すぐ参加」をクリックします。

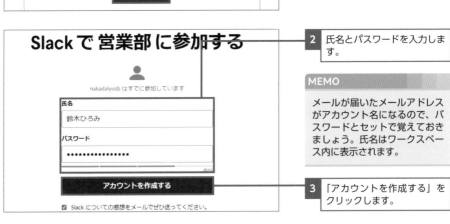

2 氏名とパスワードを入力します。

MEMO

メールが届いたメールアドレスがアカウント名になるので、パスワードとセットで覚えておきましょう。氏名はワークスペース内に表示されます。

3 「アカウントを作成する」をクリックします。

4 Webブラウザーで招待されたワークスペースが表示され、参加が完了します。

Slackでは複数のワークスペースに参加することもできます。複数のワークスペースに参加してアプリを開くと、一番左側にワークスペースのタブが表示され、切り替えることができます。

複数のワークスペースに参加してアプリを開くと、左側のタブで切り替えることができます。

COLUMN　ワークスペースの検索やサインアウト

アプリから他に参加可能なワークスペースを確認したいときは、画面左上のワークスペース名をクリックして開いたメニューで「ワークスペースを追加」→「ワークスペースを検索する」をクリックします。複数のワークスペースのタブが表示されている場合は、タブの下の「+」をクリックしたメニューで「ワークスペースを検索する」を選択します。

参加中のワークスペース

すでにこれらの Slack チームに参加しています:

企画編集部
w1596677938-dgn380507.slack.com　　　起動する

営業部
w1596766443-3zx824409.slack.com　　　起動する

他のワークスペースをお探しですか?他のメールアドレスを試すか、ワークスペースの管理者に招待してもらえるように相談してください。

Webブラウザーが起動し、自分のメールアドレスを入力して「メールで続行する」をクリックします。Slackからメールが届くので、本文内の「メールアドレスの確認」をクリックすると、参加可能なワークスペースが表示されます。

なお、ワークスペースからサインアウトする場合は、アプリの左上のワークスペース名をクリックして開いたメニューの「以下からサインアウト:(ワークスペース名)」をクリックします。Webブラウザーが開き、「ブラウザーからサインアウト」をクリックすると完全にサインアウトされます。

アプリからワークスペースを追加／削除しよう

ワークスペースを追加する

複数の部署やプロジェクトに参加している場合は、ワークスペースを追加して分けて管理するとよいでしょう。P.122で説明するチャンネルは、さらにその中にグループやチームで分けていくと管理しやすくなります。

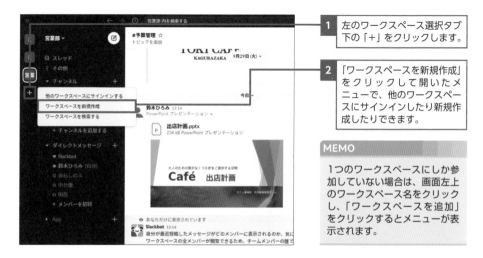

1 左のワークスペース選択タブ下の「+」をクリックします。

2 「ワークスペースを新規作成」をクリックして開いたメニューで、他のワークスペースにサインインしたり新規作成したりできます。

> **MEMO**
>
> 1つのワークスペースにしか参加していない場合は、画面左上のワークスペース名をクリックし、「ワークスペースを追加」をクリックするとメニューが表示されます。

📶 スマートフォンの場合 ✉ 🔋

アプリ画面の左上のワークスペース名のアイコンをタップします。ワークスペース名の下の「+」をタップすると、参加するワークスペースの追加や新規作成ができるメニューが表示されます。

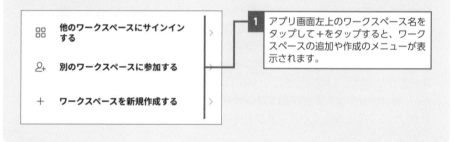

1 アプリ画面左上のワークスペース名をタップして+をタップすると、ワークスペースの追加や作成のメニューが表示されます。

ワークスペースを削除する

　ワークスペースが必要なくなったら削除してしまうこともできます。削除はプライマリーオーナー（最上位の管理権限をもつ管理者）だけができます。ただ、一度削除すると復活はできないので慎重に行いましょう。ワークスペース名を変更するなど、残しておくことも検討しましょう。

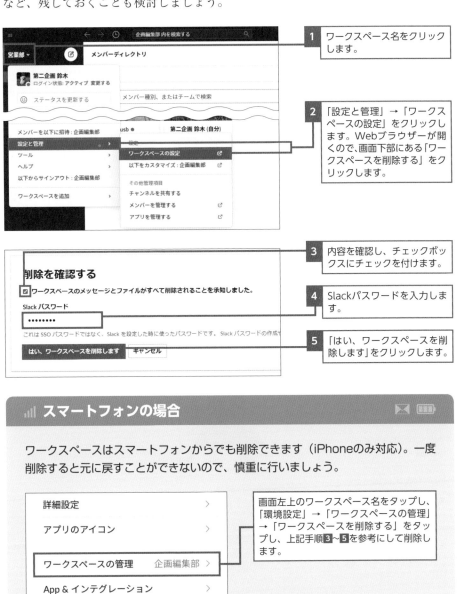

1 ワークスペース名をクリックします。

2 「設定と管理」→「ワークスペースの設定」をクリックします。Webブラウザーが開くので、画面下部にある「ワークスペースを削除する」をクリックします。

3 内容を確認し、チェックボックスにチェックを付けます。

4 Slackパスワードを入力します。

5 「はい、ワークスペースを削除します」をクリックします。

スマートフォンの場合

　ワークスペースはスマートフォンからでも削除できます（iPhoneのみ対応）。一度削除すると元に戻すことができないので、慎重に行いましょう。

詳細設定 ＞

アプリのアイコン ＞

ワークスペースの管理　企画編集部 ＞

App & インテグレーション ＞

画面左上のワークスペース名をタップし、「環境設定」→「ワークスペースの管理」→「ワークスペースを削除する」をタップし、上記手順**3**～**5**を参考にして削除します。

06

プロフィールを編集しよう

プロフィールを編集する

　Slackのプロフィールは編集することができます。写真を設定したり表示名を変更したりして、誰もがわかりやすいプロフィールにしておきましょう。ここでは画像を変更してみます。

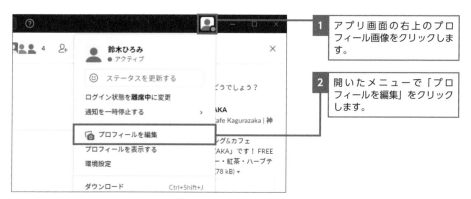

1	アプリ画面の右上のプロフィール画像をクリックします。
2	開いたメニューで「プロフィールを編集」をクリックします。

3 「画像をアップロード」をクリックして、「開く」ダイアログボックスで任意の画像を選択します。

MEMO

氏名と表示名も変更できます。氏名はSlackで利用する名前で、表示名はワークスペースに表示される名前です。ワークスペース内の氏名や表示名は、環境設定の「メッセージ＆メディア」の項目で指定できます。

4 選択した画像がプレビューされるので、表示する部分を指定して、「保存する」をクリックします。

5 「プロフィールを編集」に戻るので、表示名や役職・担当などを入力したら、「変更を保存」をクリックします。

プレビュー

 鈴木ひろみ 11:37

キャンセル　　保存する

⁔ スマートフォンの場合 ✉ 🔋

プロフィールはスマートフォンからでもかんたんに編集できます。プロフィール写真は端末内の写真の他、その場で撮影した写真に設定することも可能です。

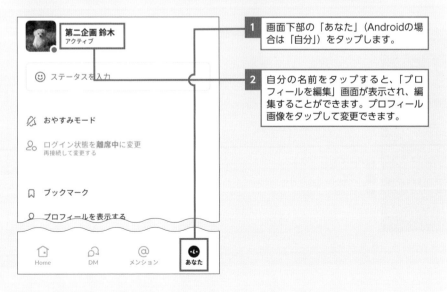

1 画面下部の「あなた」（Androidの場合は「自分」）をタップします。

2 自分の名前をタップすると、「プロフィールを編集」画面が表示され、編集することができます。プロフィール画像をタップして変更できます。

チャンネルを作成しよう

チャンネルとは

チャンネルとは、メッセージやファイルのやり取りなどをひとまとめにして、メンバーとコミュニケーションする場所です。誰でも自由に参加できる「パブリックチャンネル」と、招待された人しか参加できない「プライベートチャンネル」の2つがあります。全員に公開したくない内容であれば、プライベートチャンネルとして設定するのがおすすめです（P.128参照）。

また、チャンネルはプロジェクトや案件ごとに作成することができます。ワークスペースに1つのチャンネルだけでは情報が入り混じって混乱してしまいますが、チャンネルを分けることで会話を整理することができます。メンバーは必要に応じて参加や退出が自由にできるようになっている点も特徴です。チャンネルを活用して、効率よくやり取りを行いましょう。

チャンネルに参加するには、その親となるワークスペースに参加している必要があるので、チャンネルに参加する側の場合は、ワークスペースに招待をお願いしましょう。

なお、チャンネルを作成できるのは、通常の場合はワークスペースのオーナーのみです。それ以外のメンバーが作成する場合は、権限をオーナーに変更してもらう必要があります。

┃チャンネルを作成する

　部署ごとに作成したワークスペース内で、さらに案件やグループごとのチャンネルを作成していきます。

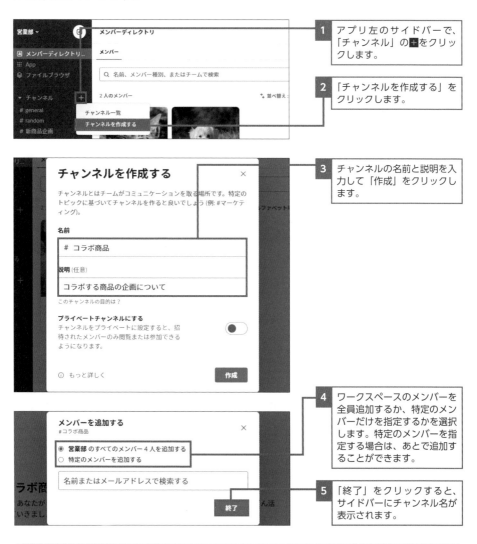

1　アプリ左のサイドバーで、「チャンネル」の＋をクリックします。

2　「チャンネルを作成する」をクリックします。

3　チャンネルの名前と説明を入力して「作成」をクリックします。

4　ワークスペースのメンバーを全員追加するか、特定のメンバーだけを指定するかを選択します。特定のメンバーを指定する場合は、あとで追加することができます。

5　「終了」をクリックすると、サイドバーにチャンネル名が表示されます。

ᴴᴸᴸ スマートフォンの場合　　📧 ▨

アプリ画面下部の「Home」（Androidの場合は「ホーム」）をタップし、「チャンネル」の＋をタップしたら、「作成」（Androidの場合は ᴴ）をタップしてチャンネルを作成します。

チャンネルのメンバーを 追加／削除しよう

Chapter 6
08
チャンネル

┃ メンバーを追加する

　チャンネルのメンバーを追加／削除してみましょう。メンバーの削除はチャンネルの作成者しか行えません。また、チャンネルにメンバーを追加するには、参加させたいメンバーがワークスペースに参加している必要があります。

　なお、ワークスペースに参加していないメンバーを招待して、チャンネルと同時にワークスペースに参加してもらう方法もあります。その場合は、ワークスペースのオーナーまたは管理者のみ行うことができます。

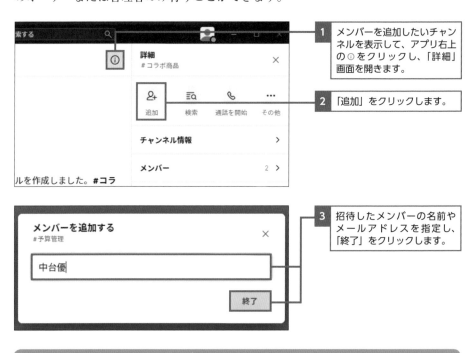

1 メンバーを追加したいチャンネルを表示して、アプリ右上の ⓘ をクリックし、「詳細」画面を開きます。

2 「追加」をクリックします。

3 招待したメンバーの名前やメールアドレスを指定し、「終了」をクリックします。

📶 スマートフォンの場合

スマートフォンアプリで、チャンネルを表示し、ⓘ →「メンバーを追加する」をタップして、追加したいメンバーの名前やメールアドレスなどを入力したら、「招待」（Androidの場合は ▷）をタップします。

124

メンバーを削除する

チャンネルに参加しているメンバーが、案件から外れた場合などはチャンネルでも外しておくとよいでしょう。チャンネルの作成者であれば、メンバーを削除することができます。

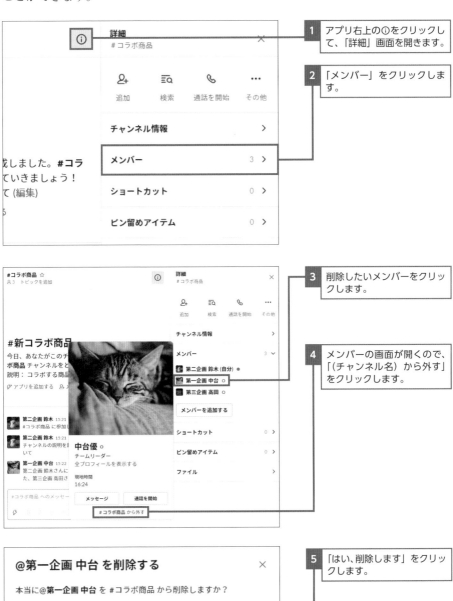

1 アプリ右上の①をクリックして、「詳細」画面を開きます。

2 「メンバー」をクリックします。

3 削除したいメンバーをクリックします。

4 メンバーの画面が開くので、「(チャンネル名) から外す」をクリックします。

5 「はい、削除します」をクリックします。

チャンネルに 参加／退出しよう

チャンネルに参加する

　チャンネルはワークスペースのメンバーであれば、自由に参加したり退出したりできます（チャンネルへの追加はオーナーと管理者のみ）。作成されたチャンネルはワークスペース内に一覧で表示できます。

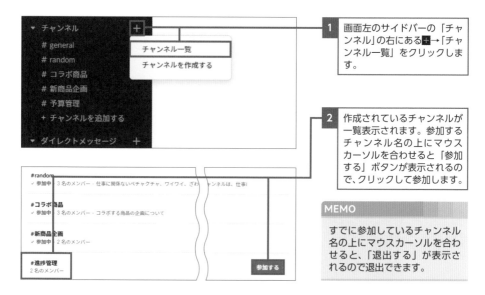

1 画面左のサイドバーの「チャンネル」の右にある➕→「チャンネル一覧」をクリックします。

2 作成されているチャンネルが一覧表示されます。参加するチャンネル名の上にマウスカーソルを合わせると「参加する」ボタンが表示されるので、クリックして参加します。

MEMO

すでに参加しているチャンネル名の上にマウスカーソルを合わせると、「退出する」が表示されるので退出できます。

📶 スマートフォンの場合　　✉ 🔋

アプリの「Home」（Androidは「ホーム」）で、「チャンネル」の右の＋をタップすれば、チャンネルの一覧が表示されて、いつでも自由に参加できます。

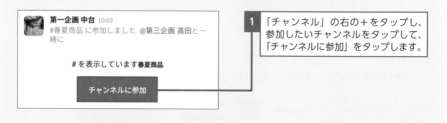

1 「チャンネル」の右の＋をタップし、参加したいチャンネルをタップして、「チャンネルに参加」をタップします。

チャンネルから退出する

　プロジェクトが終わったり、違う部署に異動したりしたときは、チャンネルを退出できます。前ページ手順2でチャンネル名にマウスカーソルを合わせた「退出する」で退出できますが、他にチャンネルの「詳細」画面から退出する方法もあります。

1 サイドバーの「チャンネル」の下にある退出するチャンネル名を選択します。

2 画面右上の ⓘ をクリックして、詳細を開きます。

3 「その他」をクリックします。

4 「（チャンネル名）を退出する」をクリックします。

📶 スマートフォンの場合　✉ 🔋

チャンネルからの退出は、チャンネルを表示した画面から行います。

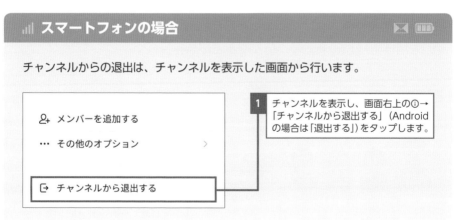

1 チャンネルを表示し、画面右上の ⓘ →「チャンネルから退出する」（Android の場合は「退出する」）をタップします。

プライベートチャンネルを 作成しよう

▎プライベートチャンネルとは

　プライベートチャンネルとは、特定のメンバーしか閲覧することができないチャンネルのことです。通常のチャンネルと異なり、プライベートチャンネルは招待されないと参加することができません。また、プライベートチャンネルはチャンネル名の横に鍵のアイコンが表示されており、プライベートチャンネルに所属していないメンバーのチャンネル一覧には表示されない仕様になっています。

　特定のメンバーだけしかかかわらないプロジェクトだったり、個人情報を取り扱ったり、ワークスペースの全員に共有したくないコンテンツがあったりしたときは、プライベートチャンネルを作成して活用するとよいでしょう。

プライベートチャンネルはチャンネルの横にカギのアイコンが付きます。

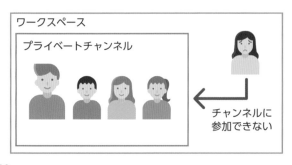

プライベートチャンネルに参加していないメンバーは、チャットなどを見ることができません。

プライベートチャンネルを作成する

　チャンネルの作成時にプライベートチャンネルを指定しましょう。特定のユーザーを指定するので、ユーザーの追加は後から行います（P.124）。

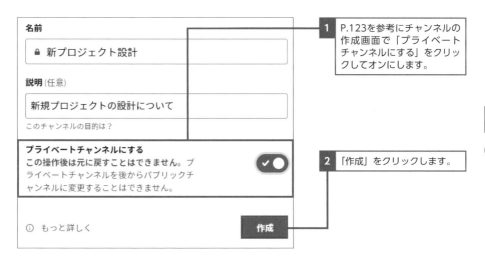

1	P.123を参考にチャンネルの作成画面で「プライベートチャンネルにする」をクリックしてオンにします。
2	「作成」をクリックします。

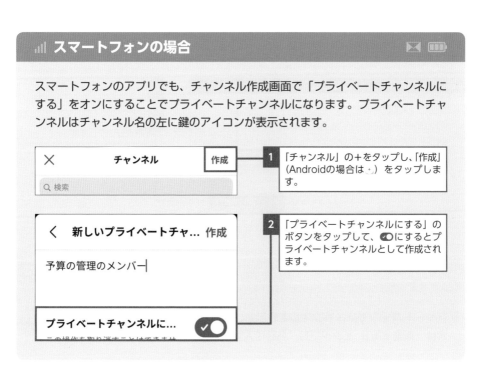

スマートフォンの場合

スマートフォンのアプリでも、チャンネル作成画面で「プライベートチャンネルにする」をオンにすることでプライベートチャンネルになります。プライベートチャンネルはチャンネル名の左に鍵のアイコンが表示されます。

1	「チャンネル」の+をタップし、「作成」（Androidの場合は･）をタップします。
2	「プライベートチャンネルにする」のボタンをタップして、●○にするとプライベートチャンネルとして作成されます。

チャンネルの名前を変更しよう

チャンネルの名前を変更する

例えば、会社の事情で部署の名前が変更になったり、商品名変更に伴う案件名変更など、チャンネルの名前を変更する必要がある場合もあります。チャンネル名は、チャンネル作成者であれば変更することができます。

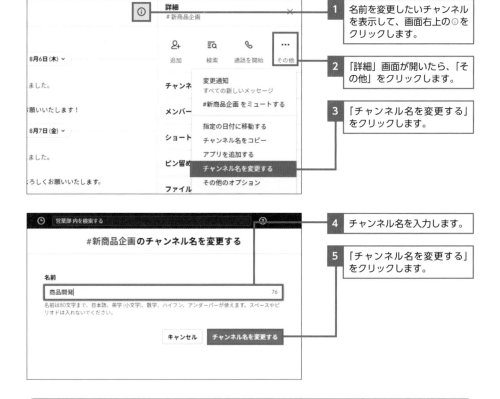

1 名前を変更したいチャンネルを表示して、画面右上の ⓘ をクリックします。

2 「詳細」画面が開いたら、「その他」をクリックします。

3 「チャンネル名を変更する」をクリックします。

4 チャンネル名を入力します。

5 「チャンネル名を変更する」をクリックします。

📶 スマートフォンの場合 ✉ 🔋

スマートフォンではチャンネルを表示し、画面右上の ⓘ →「編集」（Androidの場合は「編集する」）をタップし、名前を入力して変更します。

チャンネルを削除しよう

チャンネルを削除する

チャンネルはワークスペースの管理者であれば削除することができます。使わなくなったチャンネルは削除して整理しておくとよいでしょう。なお、チャンネルを削除するとメッセージは削除されますが、ファイルは残ります。

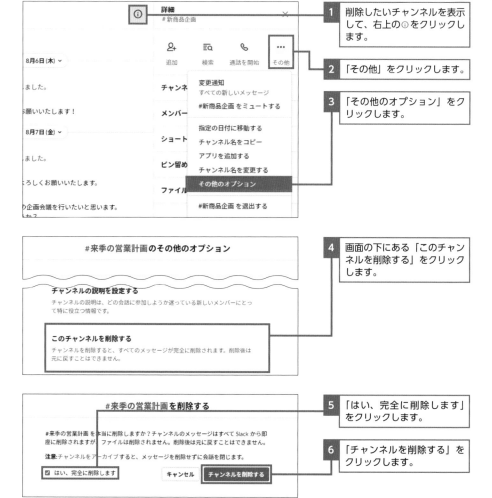

1 削除したいチャンネルを表示して、右上の①をクリックします。

2 「その他」をクリックします。

3 「その他のオプション」をクリックします。

4 画面の下にある「このチャンネルを削除する」をクリックします。

5 「はい、完全に削除します」をクリックします。

6 「チャンネルを削除する」をクリックします。

Chapter 6

13

メッセージ

メッセージを送信・
スレッドで返信しよう

メッセージを送信する

チャンネルではメッセージの送受信が可能です。メッセージはチャット形式で表示され、相手を指定して送信できるメンション機能もあります。発信した人の名前も表示されるので、誰からのチャットかもすぐにわかります。ダイレクトメッセージ（P.144）は個別にメッセージを送れますが、メンションを使ったメッセージは特定の人向けのメッセージではありますが、参加者全員も見ることができます。

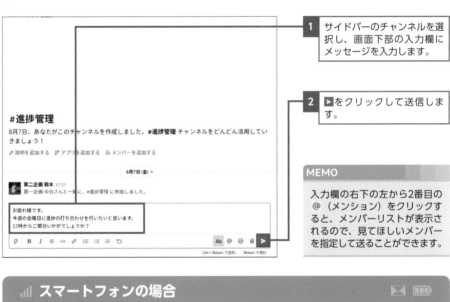

1 サイドバーのチャンネルを選択し、画面下部の入力欄にメッセージを入力します。

2 ▶をクリックして送信します。

MEMO

入力欄の右下の左から2番目の @（メンション）をクリックすると、メンバーリストが表示されるので、見てほしいメンバーを指定して送ることができます。

📶 スマートフォンの場合

スマートフォンでもチャンネルを開いてメッセージを送りましょう。

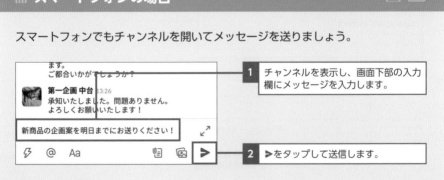

1 チャンネルを表示し、画面下部の入力欄にメッセージを入力します。

2 ▶をタップして送信します。

受信したメッセージにスレッドで返信する

　通常のメッセージ送信と違い、メッセージへのスレッドでの返信の場合は、チャンネル全員に通知が行かずに返信した相手にのみ通知がされるしくみです。また、返信したチャットは画面右側に個別のスレッドが表示されます。

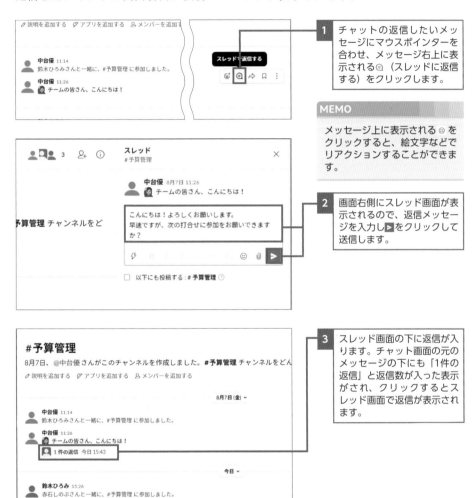

1 チャットの返信したいメッセージにマウスポインターを合わせ、メッセージ右上に表示される⊚（スレッドに返信する）をクリックします。

MEMO

メッセージ上に表示される⊚をクリックすると、絵文字などでリアクションすることができます。

2 画面右側にスレッド画面が表示されるので、返信メッセージを入力し▶をクリックして送信します。

3 スレッド画面の下に返信が入ります。チャット画面の元のメッセージの下にも「1件の返信」と返信数が入った表示がされ、クリックするとスレッド画面で返信が表示されます。

📶 スマートフォンの場合 ✉ 🔋

返信したいメッセージをタップしたら、「スレッドで返信する」をタップしてメッセージを入力します。

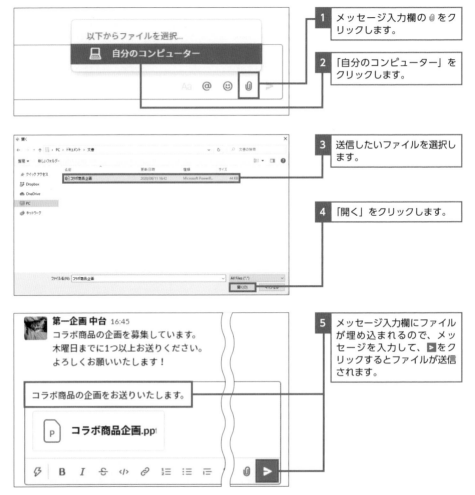

ファイルを送信しよう

ファイルを送信する

チャンネルではメッセージだけでなくファイルを送信することもできます。送信されたファイルはダウンロードしたり共有したりできます。添付して送ることで、資料を参加しているメンバー全員に渡すことができ、いちいち一人ずつデータを送らなくて済みます。

以下からファイルを選択...

🖳 自分のコンピューター

1 メッセージ入力欄の 📎 をクリックします。

2 「自分のコンピューター」をクリックします。

3 送信したいファイルを選択します。

4 「開く」をクリックします。

第一企画 中台 16:45
コラボ商品の企画を募集しています。
木曜日までに1つ以上お送りください。
よろしくお願いいたします！

コラボ商品の企画をお送りいたします。

Ｐ　**コラボ商品企画**.pp

5 メッセージ入力欄にファイルが埋め込まれるので、メッセージを入力して、▶ をクリックするとファイルが送信されます。

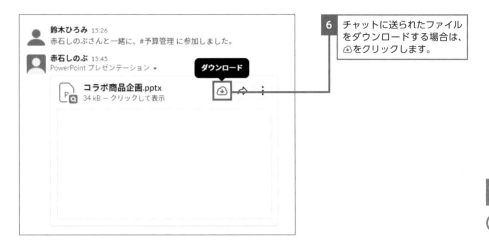

6　チャットに送られたファイル
をダウンロードする場合は、
📥をクリックします。

📶 スマートフォンの場合　　　　　　　　　　　　　✉ 🔋

スマートフォンからもファイルを添付できます。メッセージの入力画面の📎をタップして、「マイファイル」のファイルを選択するか、「ファイルを追加」をタップして、端末内のファイルを選択します。

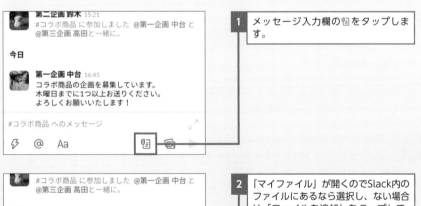

1　メッセージ入力欄の📎をタップします。

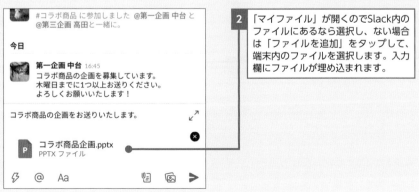

2　「マイファイル」が開くのでSlack内の
ファイルにあるなら選択し、ない場合
は「ファイルを追加」をタップして、
端末内のファイルを選択します。入力
欄にファイルが埋め込まれます。

135

メッセージを
編集／削除しよう

▌メッセージを編集する

　チャットに送ったメッセージの内容は、あとから編集／削除することができます。
間違った内容を誤って送信してしまったときなどに活用すると便利です。編集で修
正すると、メッセージの最後に「（編集済み）」と表示されます。

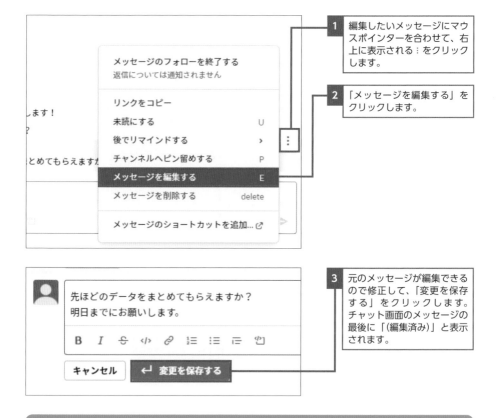

1 編集したいメッセージにマウスポインターを合わせて、右上に表示される：をクリックします。

2 「メッセージを編集する」をクリックします。

メッセージのフォローを終了する
返信については通知されません

リンクをコピー
未読にする　　　　　　　　　　　　　U
後でリマインドする　　　　　　　　　＞
チャンネルへピン留めする　　　　　　P
メッセージを編集する　　　　　　　　E
メッセージを削除する　　　　　delete

メッセージのショートカットを追加... ⬀

3 元のメッセージが編集できるので修正して、「変更を保存する」をクリックします。チャット画面のメッセージの最後に「（編集済み）」と表示されます。

先ほどのデータをまとめてもらえますか？
明日までにお願いします。

B *I* S̶ ⟨⟩ 🔗 ⩸ ⩵ ⩸ ⟲

キャンセル　　　↵ 変更を保存する

📶 スマートフォンの場合　　　　　　　　✉ 🔋

編集したいメッセージをタップし、… →「メッセージを編集」（Androidの場合は
「メッセージを編集する」）をタップして、編集画面で入力します。

メッセージを削除する

　他のチャンネルへのメッセージを間違って送ったり、不適切な内容だったりしたものは、削除することができます。削除したメッセージは、参加メンバー全員のチャット画面から消えます。

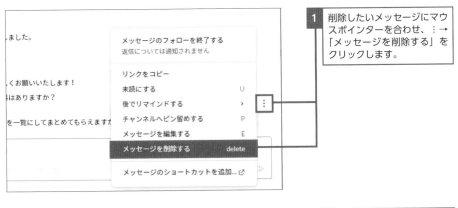

1 削除したいメッセージにマウスポインターを合わせ、⋮→「メッセージを削除する」をクリックします。

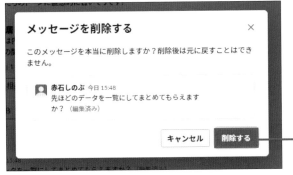

2 「メッセージを削除する」画面が確認されるので、「削除する」をクリックします。これで全員のチャット画面から削除されます。

▐ スマートフォンの場合

送信したメッセージはスマートフォンからでも削除できます。メッセージを削除するとデスクトップ版アプリにも反映されます。

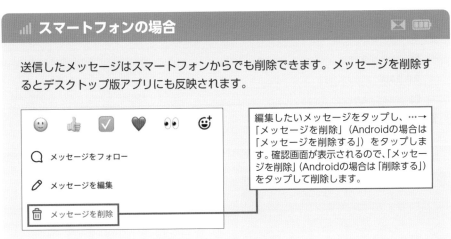

編集したいメッセージをタップし、…→「メッセージを削除」(Androidの場合は「メッセージを削除する」)をタップします。確認画面が表示されるので、「メッセージを削除」(Androidの場合は「削除する」)をタップして削除します。

メッセージを検索しよう

メッセージを検索する

　アプリ画面上部の検索ボックスから、今サインインしているワークスペースのメッセージを検索することができます。過去のやり取りをさかのぼりたいときに活用すると便利です。検索はメッセージ以外にも添付ファイルやチャンネル名、メンバー名も表示されます。また、キーワードの入力で検索モディファイア（下記の表参照）を利用すると、検索範囲を絞り込むこともできます。

1 画面上部の検索ボックスをクリックします。

2 検索するキーワードを入力して、[Enter] キーを押します。

> **MEMO**
>
> キーワードを入力するときに、検索モディファイアも指定すると、検索結果を絞り込んで表示することができます。

◆検索モディファイアの例

他のメンバーが共有した情報を検索する場合	from:@（メンバーの表示名）
特定のチャンネルやDMを検索する場合	in:（チャンネル名） in: @（メンバーの表示名）
自分宛てのDMを検索する場合	to:@（自分の表示名）

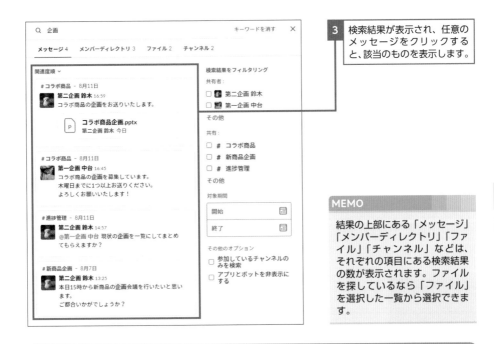

3 検索結果が表示され、任意の メッセージをクリックする と、該当のものを表示します。

MEMO

結果の上部にある「メッセージ」 「メンバーディレクトリ」「ファ イル」「チャンネル」などは、 それぞれの項目にある検索結果 の数が表示されます。ファイル を探しているなら「ファイル」 を選択した一覧から選択できま す。

📶 スマートフォンの場合

アプリ画面右上の🔍をタップすれば、パソコン版アプリと同じようにワークスペー ス内のメッセージやファイルを検索することができます。

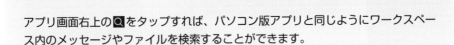

1 画面右上の🔍をタップします。

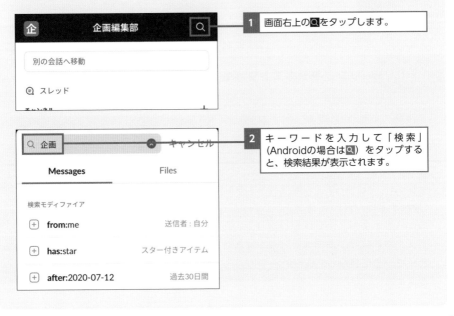

2 キーワードを入力して「検索」 (Androidの場合は🔍）をタップする と、検索結果が表示されます。

Chapter 6

17

メッセージ

メッセージにリンクを
張り付けよう

メッセージでリンクを送る

　メッセージにリンクを張り付けると、記事やコンテンツなどを他のメンバーと共有できます。リンクとは、WebページなどのURLをテキスト表示にしたものです。リンクをクリックすることで、Webページを開くことができるので、同じ情報を共有したいときにおすすめです。画面共有よりも手軽にでき、あとから見直すこともできます。

1 メッセージ入力欄にメッセージを入力し、リンクを張り付けます。

MEMO

WebブラウザーのURLの表示をコピーして、メッセージに張り付ければ（コピー＆ペースト）、長いリンクでも簡単に入力できます。

COLUMN　　リンクをテキスト文字で入力する

手順 **1** の画面で、URLを入力するとき、入力欄下の ⌀ （リンク）をクリックすると、「リンクを編集する」画面が開きます。「テキスト」に任意のキーワードを入力し、「リンク」にURLを入力して「保存する」をクリックすると、メッセージに「テキスト」の文字がリンクとして入力されます。文字をクリックすると、リンクに登録したWebページが開きます。

2 | リンクとともにメッセージが送信され、リンクをクリックするとWebブラウザーで表示されます。なお、リンクによってはWebサイトのテキストプレビューが表示されるものもあります。

⏸ スマートフォンの場合

スマートフォンでも、URLをコピーして、メッセージに張り付ける（コピー&ペースト）ことで、リンクを送ります。

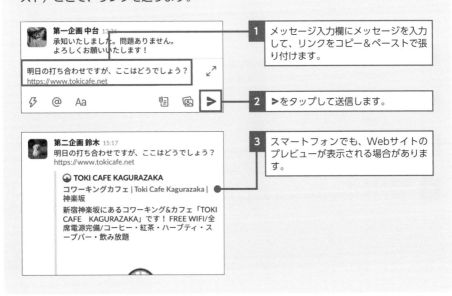

1 | メッセージ入力欄にメッセージを入力して、リンクをコピー&ペーストで張り付けます。

2 | ➤をタップして送信します。

3 | スマートフォンでも、Webサイトのプレビューが表示される場合があります。

見返したいメッセージを ブックマークしよう

ブックマークを付ける

　重要なメッセージはブックマークしておくと便利です。ブックマークは一覧で確認することができます。なお、ブックマークしたメッセージは自分にのみ表示されます。他の人にも参照させたい場合はピン留めを使うとよいでしょう。

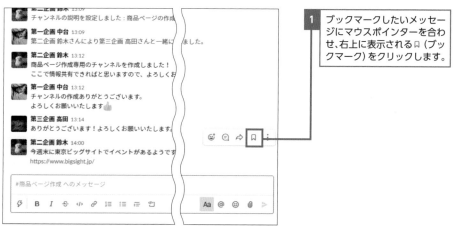

1 ブックマークしたいメッセージにマウスポインターを合わせ、右上に表示される🔖（ブックマーク）をクリックします。

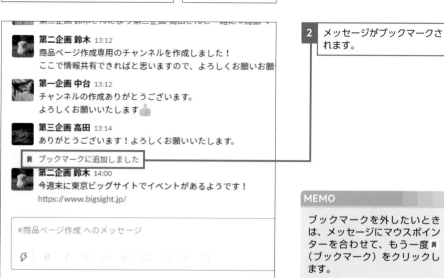

2 メッセージがブックマークされます。

MEMO

ブックマークを外したいときは、メッセージにマウスポインターを合わせて、もう一度🔖（ブックマーク）をクリックします。

ブックマークを表示する

　ブックマークしたメッセージは、サイドバーの「ブックマーク」に別々のチャンネルでブックマークしたものも一緒に一覧表示されます。なお、ワークスペースが違う場合は表示されないので切り替えましょう。

ブックマークしたメッセージは、サイドバーの「ブックマーク」をクリックすることで確認できます。

MEMO

P.142手順 1 の画面で、⋮ →「チャンネルへピン留めする」をクリックします。これで、チャンネルの右上の① （詳細）をクリックして開く画面の「ピン留めアイテム」にチャンネルのメンバー全員で共有できます。

スマートフォンの場合

　スマートフォンでブックマークする場合も、メッセージの下の 🔖 をタップします。一覧表示することもできます。

1 ブックマークしたいメッセージをタップし、🔖 をタップします。

2 アプリ画面下部の「あなた」→「ブックマーク」（Androidの場合は「自分」→「ブックマークしたアイテム」）をタップすると、ブックマークの一覧を確認できます。

ダイレクトメッセージを
送信しよう

┃特定の相手にダイレクトメッセージを送信する

　特定のメンバーとだけやり取りしたいときは、ダイレクトメッセージを活用しましょう。最大8人のメンバーで会話することができます。ワークスペースに参加していないメンバーを追加することもできますが、そのメンバーはダイレクトメッセージを読むことはできても送信することができません。

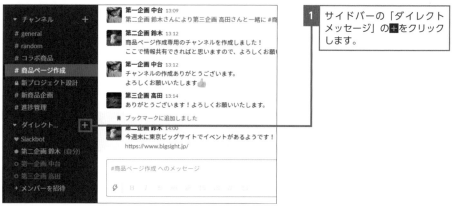

1 サイドバーの「ダイレクトメッセージ」の＋をクリックします。

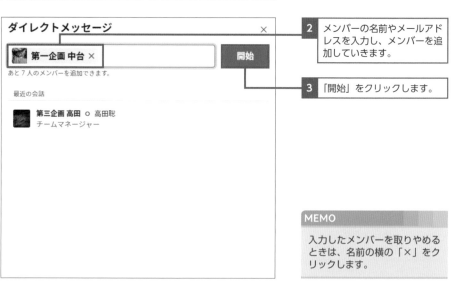

2 メンバーの名前やメールアドレスを入力し、メンバーを追加していきます。

3 「開始」をクリックします。

MEMO

入力したメンバーを取りやめるときは、名前の横の「×」をクリックします。

4 指定したメンバーとダイレクトメッセージでやり取りすることができます。

6
ビジネスチャットツール Slack

MEMO

よくダイレクトメッセージのやり取りをする相手は、サイドバーの「ダイレクトメッセージ」の下に表示されるので、すぐにやり取りを開始できます。

スマートフォンの場合

パソコン版アプリと同様に、最大8人のメンバーとやり取りすることができます。メンバーを選択してダイレクトメッセージを送ってみましょう。

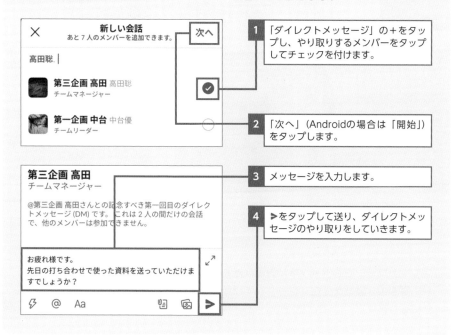

1 「ダイレクトメッセージ」の＋をタップし、やり取りするメンバーをタップしてチェックを付けます。

2 「次へ」(Androidの場合は「開始」)をタップします。

3 メッセージを入力します。

4 ➤をタップして送り、ダイレクトメッセージのやり取りをしていきます。

20 ビデオ通話をしよう

通話をする／通話を終了する

Slackでは、メッセージでのやり取りの他に通話でコミュニケーションを取ることもでき、チャットをしていてちょっとした内容を話して確認したいときには、ビデオ通話をすぐに始められます。なお、複数人でのビデオ通話は有料版しか利用できません（2020年9月現在）。音声通話であれば複数人でも無料版で可能です。

> チャンネル画面などでメンバーの名前をクリックして表示された画面で、「通話を開始」をクリックして通話します。

①	設定	通話設定を行います。
②	メンバーを追加	メンバーを追加します。
③	ミュート	ミュートします。
④	ビデオ	カメラを使うか使わないかを切り替えます。
⑤	画面共有	画面共有をします（無料版では利用できません）。
⑥	リアクション	リアクションを使います。
⑦	通話終了	通話を終了します。

ll スマートフォンの場合

スマートフォンでもチャンネル画面などで、メンバーの名前をクリックして表示された画面の「通話を発信」タップして通話します。スマートフォンでは音声通話だけになります。

Zoomと連携する

　Slackでは通話機能が弱いので、Chapter 5で紹介したZoomと連携して通話機能を強化すると便利に利用できます。なお、連携させる場合は、SlackとZoomのアカウントが必要で、なおかつ同じメールアドレスでアカウントが作成されている必要があります。なお、パソコンにZoomアプリをインストールしておく必要があります。

1 サイドバーの「App」をクリックします。

2 「Zoom」の「追加」をクリックします。

3 「Slackに追加」をクリックし、画面の指示に従って進みます。サイドバーの下のほうの「App」に「Zoom」が追加されます。

📶 スマートフォンの場合　📧 🔋

スマートフォンでも他のアプリと連携させることができます（iPhoneのみ対応）。
連携するアプリ自体は、事前にインストールしておくようにしましょう。

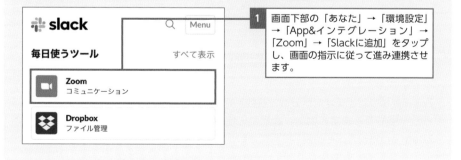

1 画面下部の「あなた」→「環境設定」→「App&インテグレーション」→「Zoom」→「Slackに追加」をタップし、画面の指示に従って進み連携させます。

Zoomを利用して通話する

SlackとZoomを連携させたら、メッセージ入力欄に「/Zoom」と入力して送信することで、コマンドでZoomを起動できます。Zoomの初回起動時は、サインイン画面が表示されるので、自分のアカウントでサインインしましょう。

1 チャンネルやダイレクトメッセージのメッセージ入力欄に「/zoom」と入力して▶をクリックします。

2 Zoomミーティングが開始され、「参加する」をクリックすると、Zoomが起動して通話することができます。

COLUMN **ビデオ会議中に人を追加する**

Zoomを使ったビデオ通話では、複数人でのビデオ通話も可能なのでチャンネルからの発信もできます。また、通話中に他のメンバーを追加するのは、P.88でのZoomでの追加方法を参照してください。

スマートフォンでもメッセージ入力欄にコマンドを入力する必要があります。Zoomを利用して通話したいときは「/zoom」と入力しましょう。スマートフォンのSlackアプリでは音声通話のみしかできませんが、Zoomアプリであればビデオ通話も行えるため、相手の顔を見ながら話すことができます。

1	メッセージ入力欄に「/zoom」と入力します。
2	▶をタップします。
3	Zoomミーティングが開始されます。「参加する」をタップするとZoomアプリで通話できます。

#新商品企画
2人のメンバー

神楽坂
新宿神楽坂にあるコワーキング&カフェ「TOKI CAFE　KAGURAZAKA」です！ FREE WIFI/全席電源完備/コーヒー・紅茶・ハーブティ・スープバー・飲み放題

TOKI CAFE
KAGURAZAKA

/ zoom Zoom Meeting/Phone

/zoom

in　on　out　is　and　to　the

#新商品企画
2人のメンバー
新規

Zoom APP 18:12 あなただけに表示されています
In accordance with your settings, a passcode has been generated for this meeting.

Zoom meeting started by suzukihirom...
1分未満前に開始

ミーティング ID : 751-7354-9245

参加する

Meeting passcode:
QlRUSWhnRWx5ZDR5MEpHYUZUUEQwUT09

#新商品企画 へのメッセージ

MEMO

事前にZoomアプリをインストールしておく必要があります。

ステータスで自分の状況を知らせよう

ステータスを変更する

　ちょっと離席するなど、すぐに反応ができないときには、自分のステータス（状況）を変更しておきましょう。ワークスペースに参加しているメンバーのステータスを確認するルールにしておけば、返事が遅いなど、お互いにイライラせずにすみます。

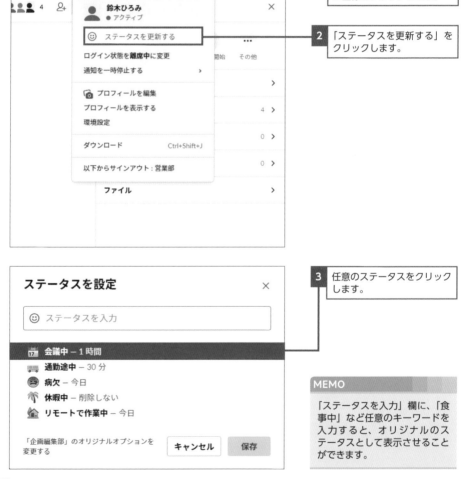

1　アプリ画面右上のプロフィール画像をクリックします。

2　「ステータスを更新する」をクリックします。

3　任意のステータスをクリックします。

MEMO

「ステータスを入力」欄に、「食事中」など任意のキーワードを入力すると、オリジナルのステータスとして表示させることができます。

4 「保存」をクリックすると、ステータスが変更されます。

5 名前の右側にステータスアイコンが表示されます。ステータスアイコンにマウスポインターを合わせると、設定した内容が表示され、メンバーが確認できます。

☶ スマートフォンの場合

スマートフォンからでもステータスを変更できます。設定したステータスは、チャット画面などの名前の右側に表示されます。

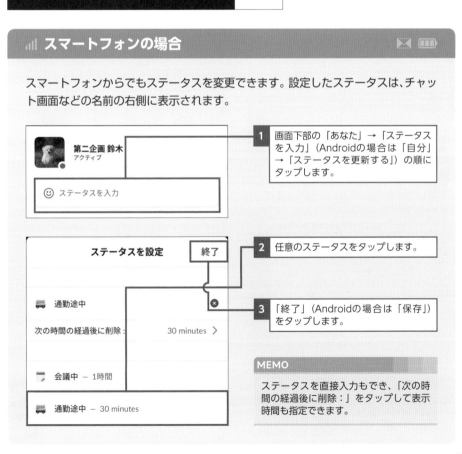

1 画面下部の「あなた」→「ステータスを入力」（Androidの場合は「自分」→「ステータスを更新する」）の順にタップします。

2 任意のステータスをタップします。

3 「終了」（Androidの場合は「保存」）をタップします。

22

設定

通知の設定を
わかりやすくしよう

通知を設定する

通知では、通知のタイミングやスケジュール、サウンドなど細かく設定できます。重要な通知を見逃さないように設定しておくとよいでしょう。デフォルトではデスクトップ通知とサウンドで通知されます。タスクバーの通知領域のSlackアイコンのバッジについてはページ下の表を参照してください。

1 ワークスペース名をクリックします。

2 「環境設定」をクリックします。

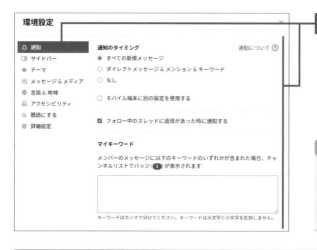

3 環境設定画面の左側で「通知」をクリックします。すべての新規メッセージで通知するか、ダイレクトメッセージや自分宛のメンション、キーワードが入ったメッセージだけ通知するかなどが設定できます。

MEMO

「マイキーワード」にキーワードを指定しておくと、サイドバーのチャンネル名にバッジが表示されて関係する投稿があったことがわかります。

タスクバーのアイコンに赤いバッジが表示される	メンバーがあなたをメンションした、ダイレクトメッセージを送信した場合に表示されます。	
通知領域のアイコンに青いバッジが表示される	参加しているワークスペースで未読のメッセージなどがあると表示されます。	

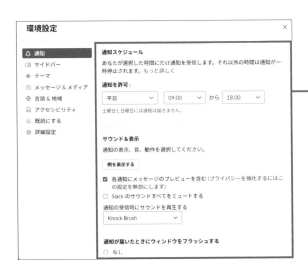

<table>
<tr><td></td><td>4</td><td>通知画面を下にスクロールすると、通知を受ける時間の設定や通知サウンドの設定が行えます。</td></tr>
</table>

スマートフォンの場合

通知の設定はスマートフォンからでも行えます。スマートフォンで設定した内容はパソコンのアプリにも反映されます。

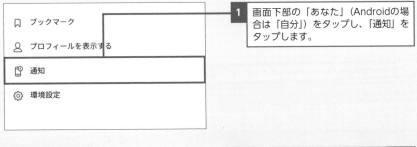

1 画面下部の「あなた」（Androidの場合は「自分」）をタップし、「通知」をタップします。

2 通知に関する設定が行えます。

MEMO

「モバイル通知のタイミング」では、同じSlackアカウントで利用しているパソコンが、スリープするなど非アクティブ状態になったときに、スマートフォンに通知がくるといった設定ができます。

Chapter 6

23

設定

リマインダーを設定しよう

リマインダーを設定する

　リマインダーを設定しておくと、指定した時間に自動でメッセージを送信してくれます。例えば、明日の朝に連絡しておきたいことをあらかじめリマインダーで設定しておき、次の日の朝に連絡をするといった方法で利用できます。

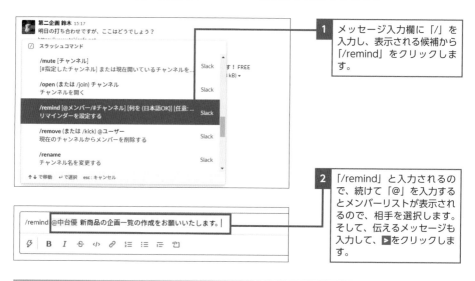

1 メッセージ入力欄に「/」を入力し、表示される候補から「/remind」をクリックします。

2 「/remind」と入力されるので、続けて「@」を入力するとメンバーリストが表示されるので、相手を選択します。そして、伝えるメッセージも入力して、▶をクリックします。

COLUMN　Slackのコマンド例

Slackではメッセージ入力欄に「/（スラッシュ）」を使って固有のコマンドを指定できます。代表的なものを紹介します。

/apps	Slackのアプリを検索する	/open	チャンネルを開く
/away	ログイン状態を切り替える	/mute	チャンネルをミュートする
/invite@メンバー	メンバーをチャンネルに招待する	/search	メッセージやファイルを検索する
/msg	メッセージをチャンネルに送信する	/who	現在のチャンネルに参加しているメンバーのリストを表示する

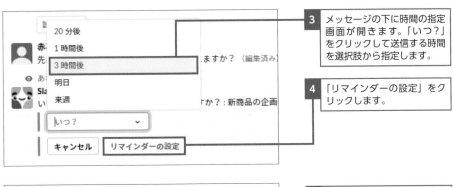

3 メッセージの下に時間の指定画面が開きます。「いつ?」をクリックして送信する時間を選択肢から指定します。

4 「リマインダーの設定」をクリックします。

5 Slackbotからリマインダーを設定したメッセージが来ます。「リマインダーを表示する」をクリックすると、設定しているリマインダーが一覧できます。

.ıll スマートフォンの場合

スマートフォンからパソコンのアプリと同様に、/remindコマンドを入力して指定できます。

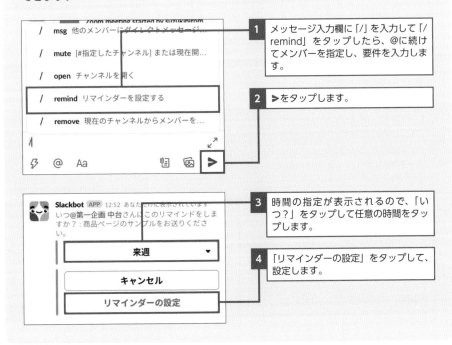

1 メッセージ入力欄に「/」を入力して「/remind」をタップしたら、@に続けてメンバーを指定し、要件を入力します。

2 ➤をタップします。

3 時間の指定が表示されるので、「いつ?」をタップして任意の時間をタップします。

4 「リマインダーの設定」をタップして、設定します。

2要素認証を設定する

2要素認証を設定すると、Slackにサインインする際に毎回確認コードとパスワードの入力が求められるようになります。セキュリティを強化したいのであれば、設定しておくとよいでしょう。なお、認証はスマートフォンなどの携帯電話のみです。設定するとアプリだけでなく、Webブラウザーでサインインする場合も必要です。アプリでアカウント設定を選択すると、Webブラウザーで表示されます。

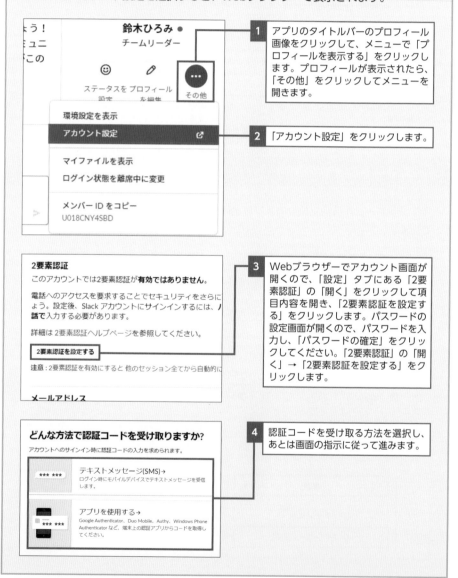

1 アプリのタイトルバーのプロフィール画像をクリックして、メニューで「プロフィールを表示する」をクリックします。プロフィールが表示されたら、「その他」をクリックしてメニューを開きます。

2 「アカウント設定」をクリックします。

3 Webブラウザーでアカウント画面が開くので、「設定」タブにある「2要素認証」の「開く」をクリックして項目内容を開き、「2要素認証を設定する」をクリックします。パスワードの設定画面が開くので、パスワードを入力し、「パスワードの確定」をクリックしてください。「2要素認証」の「開く」→「2要素認証を設定する」をクリックします。

4 認証コードを受け取る方法を選択し、あとは画面の指示に従って進みます。

Chapter **7**

コラボレーションツール
Microsoft Teams

Microsoft Teamsを
導入しよう

▎Microsoft Teamsとは？

　Microsoft Teams（以下Teams）は、会社や部署、案件ごとのグループで活用するMicrosoftのコラボレーションツールです。参加メンバーの管理機能やコミュニケーション機能、タスク管理といった仕事を効率化する機能が搭載されています。

　Teamsの強みは、同じMicrosoftのOfficeアプリだけでなく、タスク管理のTrelloやカスタマーサポートツールのZendeskなど、業務で利用される多くのツールと連携できる点です。テレワークを効率的に行えるツールになっています。

　Teamsは、無料版で利用することもできますが、会社での利用を前提とした有料版の機能が充実しています。Officeアプリなども利用できるMicrosoft 365のプランを会社で導入しているなら、Teamsでのテレワークを効果的に利用できます。また、パソコンのアプリだけでなく、スマートフォンやタブレット向けのアプリも用意されています。

◆Teamsの公式サイト

https://www.microsoft.com/ja-jp/microsoft-365/microsoft-teams/group-chat-software

Teamsを利用するにはMicrosoftアカウントが必要になります。アカウント自体は無料で作成することもできますが、有料版のMicrosoft 365に契約していると、Officeソフトが使えるようになるので、会社で有料版を契約している場合もあるでしょう。会社で契約している場合は、そのアカウントを使ってTeamsにサインインするとスムーズにテレワークができますので、会社に確認をしておきましょう。

▌デスクトップ版Teamsアプリをダウンロードする

　TeamsはWebブラウザーからも利用できますが、パソコンやスマートフォン向けのアプリが用意されています。アプリは前ページで紹介しているTeamsの公式サイトからインストーラーファイルをダウンロードします。ダウンロードをしたインストーラーファイルを実行すれば、インストールされます。

1 Teamsの公式サイトにアクセスして、画面上部の「Teamsをダウンロード」をクリックします。

2 「デスクトップ版をダウンロード」をクリックします。

3 「Teamsをダウンロード」をクリックします。

7

コラボレーションツール Microsoft Teams

Teamsにサインインしてアプリを起動する

デスクトップ版アプリのインストールを進めると、インストールの最後にアプリの起動がはじまります。Microsoftアカウントを入力してサインインすると、Teamsアプリが起動します。

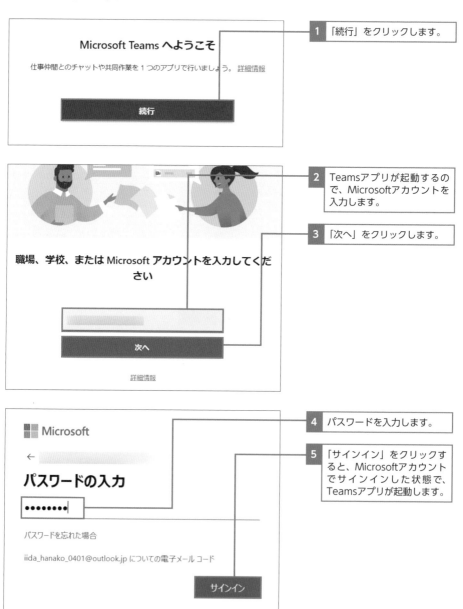

Microsoft Teams へようこそ

仕事仲間とのチャットや共同作業を 1 つのアプリで行いましょう。 詳細情報

続行

1 「続行」をクリックします。

職場、学校、または Microsoft アカウントを入力してください

次へ

詳細情報

2 Teamsアプリが起動するので、Microsoftアカウントを入力します。

3 「次へ」をクリックします。

Microsoft

←

パスワードの入力

●●●●●●●●

パスワードを忘れた場合

iida_hanako_0401@outlook.jp についての電子メール コード

サインイン

4 パスワードを入力します。

5 「サインイン」をクリックすると、Microsoftアカウントでサインインした状態で、Teamsアプリが起動します。

Teamsの起動と終了方法

　Teamsをインストールすると、デスクトップにTeamsアイコンが置かれます。また、Teamsの標準設定では、パソコンの起動時に自動起動して、タスクバーの右端の通知領域にアイコンで常駐します。Teamsアプリを開く場合は、デスクトップのTeamsアイコンをダブルクリックするか、通知領域のTeamsアイコンをクリックします。

　画面が開いているTeamsアプリを閉じるには、タイトルバーの右端の「×」（閉じる）をクリックします。ただし、アプリ画面が閉じるだけで、アプリが終了しているわけではありません。通知領域にはTeamsアイコンが常駐したままです。アプリを完全に終了するには、通知領域のTeamsアイコンを右クリック→「終了」をクリックしてください。

　完全に終了させた場合に再度アプリを開くには、デスクトップのTeamsアイコンをダブルクリックするか、[スタート] メニューからMicrosoft Teamsを起動します。

アプリ画面の右上の「×」（閉じる）をクリックして、画面を閉じます。

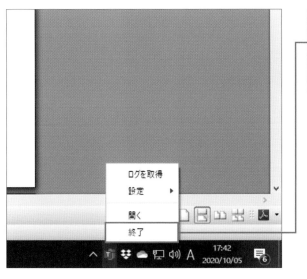

パソコンの起動時に自動起動して、通知領域にTeamsアイコンが常駐します。クリックするとアプリが開きます。完全に終了するときは、右クリック→「終了」を選択します。

Teamsの組織に
アカウントを設定しよう

組織に招待する（管理者側）

Teamsを利用するには、学校や企業など、メンバーの大本の所属先である「組織」に参加する必要があります。なお、メンバーを組織に招待できるのは、組織を作成した管理者のみです。ここでの組織とは、Teams上での一番大きな単位の集まりです。その下にチーム、さらにその下にチャネル、というように細かく管理分けができます。

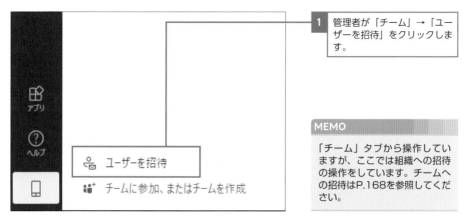

1 管理者が「チーム」→「ユーザーを招待」をクリックします。

> **MEMO**
>
> 「チーム」タブから操作していますが、ここでは組織への招待の操作をしています。チームへの招待はP.168を参照してください。

2 招待方法を選択します。「リンクのコピー」を選択して、メールやメッセージなどに張り付けてユーザーに招待を送ります。

> **MEMO**
>
> 「メールで招待」をクリックしてOutlookから送る方法もあります。

組織に参加する（ユーザー側）

　管理者からメール（メッセージ）などで招待を送られてきたユーザーは、送られてきたリンクをクリックして参加することを管理者に知らせます。

お疲れ様です。

以下のリンクより、Teamsにご参加ください。
https://teams.microsoft.com

飯田

1 組織の管理者から送られてきたリンクをクリックします。

チームに参加しましょう

簡単な情報をいくつか追加し、チームメイトに加わるリクエストを送信してください。

野山雄太

yuta_noyama@gmail.com

チームに参加

2 名前とメールアドレスを入力します。

3 「チームに参加」をクリックします。

ユーザーの参加を承認する（管理者側）

　ユーザーが「チームに参加」をクリックすると、管理者側では、P.168のページ下の画面の「保留中の要求」をクリックして表示されるリクエスト一覧画面に表示されます。管理者が「承諾」をクリックするとユーザー側にメールで通知されます。

Microsoft Teams

　　さん、こんにちは

野山雄太 (　　　　　　　) さんが **株式会社** への参加を要求しています

承諾

今すぐ Microsoft Teams をインストール

「承諾」をクリックして、ユーザーに通知メールを送ります。

組織を選択してサインインする（ユーザー側）

　管理者からメールで承認の通知が届いたら、メールにある「Teamsに参加」をクリックすると、デスクトップ版のTeamsアプリで開くか、Webアプリ（Webブラウザー版）開くかの選択を求められます。ここでは、デスクトップ版のTeamsアプリの画面を紹介します。

　Microsoftアカウントのサインインが求められるので、アカウントのメールアドレスとパスワードでサインインすると、Teamsで参加する組織を選択してアプリを起動します。

1 「Teamsの組織を選択」をクリックして、リストから「会社」を選びます。

2 組織を選択したら、「続行」をクリックして、アプリを開きます。

COLUMN　組織で「個人」を選択した場合

「Teamsの組織を選択」で「個人」を選択すると、チームの作成を行うことができません。チャットとビデオ会議のみ利用することができます。その場合は、相手を追加して利用しましょう。

03 Teamsアプリの画面構成

アプリの基本

画面構成を確認する

　Teamsアプリはシンプルなデザインで、操作がわかりやすい画面構成です。アイコンで表示された主要機能をクリックして、各ワークスペース画面も確認してみましょう。

❶	メインメニュー	主要機能が表示され、選択するとフィードエリアとワークスペースが切り替わります。
❷	フィードエリア	メインメニューで選択した内容で切り替わります。例えば、チャットの場合は最新の投稿や返信、通知などが表示され、チームの場合はチームのチャネル一覧が表示されます。
❸	ワークスペース	メインメニューやフィードエリアで選択した内容の作業画面が表示されます。
❹	コマンドボックス	キーワードを入力してメッセージやファイルの検索、コマンドを指定して実行できます。
❺	プロフィールアイコン	ここをクリックして、プロフィールやサインイン状態などなどアカウント情報を設定できます。

7

コラボレーションツール Microsoft Teams

04 チームを作成しよう

チーム

チームとは？

　チームとは、組織内の部署やプロジェクト別のグループです。管理者とメンバーで構成されており、外部のユーザーをゲストとして招待することもできます。作成するチームには、「プライベート」「パブリック」「組織全体」の3種類があります。

プライベート	チームの管理者のみがメンバーを追加できます。また、参加する場合は管理者に許可をしてもらう必要があります。
パブリック	組織内のメンバーなら誰でも参加できます。
組織全体	作成すると組織内のメンバー全員が自動的に参加されます。

チームを作成する

　ここでは、特定のメンバーが参加する「プライベート」でチームを作成する方法を紹介します。

1 メインメニューで「チーム」を選択し、フィードエリアで「チームに参加、またはチームを作成」をクリックします。ワークスペースの「チームを作成」をクリックします。

2 「初めからチームを作成する」をクリックします。

3 チームの種類は「プライベート」をクリックします。

4 チームの名前と、必要なら説明を入力します。

5 「作成」をクリックすると、フィードエリアにチームが表示されます。

MEMO

このあと参加者の追加画面が表示されます。あとで行う場合は「スキップ」で閉じて大丈夫です。

スマートフォンの場合

スマートフォンでチームを作成するには、アプリ画面下の「チーム」タブを開き、画面上の 矗 をタップします。選択メニューが表示されるので「チームを作成」をタップして、作成を進めていきます。

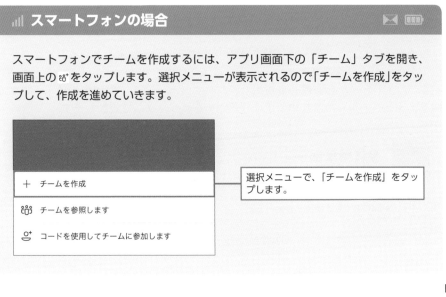

選択メニューで、「チームを作成」をタップします。

チームのメンバーを
追加／削除しよう

メンバーを追加する

　作成したチームにメンバーを追加したり、削除したりすることができるのは、チームを作成した所有者か、「所有者」の役割に設定されているユーザーです。

　まずは作成したチームにメンバーを追加してみましょう。組織外部の人もメールアドレスで追加できます。

チーム名の右にある …をクリックし、「メンバーを追加」をクリックします。「(チーム名)にメンバーを追加」画面が開くので、メンバー名を入力して「追加」をクリックすると、メンバーに招待の知らせが送られます。

MEMO

「メンバーを追加」画面では、組織に参加しているメンバーの名前を入力するとリストで選択できます。外部の人をゲストで追加するには、メールアドレスを入力します。組織で外部ゲストが許可されていない場合もあります。

　招待を受信したメンバーがURLをクリックすると、参加するというリクエストが招待を送った人に送信されます。招待を送った側は、フィードエリアのチーム名の右の … →「チームを管理」を選択し、ワークスペースの「保留中の要求」タブを開き、メンバーからの参加の要求に「承認」をクリックして追加します。

チーム名の右の … →「チームを管理」でワークスペースにチームの管理画面を開き、「保留中の要求」をクリックして要求一覧を開きます。メンバーの参加要求を「承認」すると、チームへの追加ができます。

メンバーを削除する

　メンバーが部署から異動した場合などは、所有者はメンバーを「チーム」から削除できます。「組織」から削除されるわけではありません。フィードエリアのチーム名の右の … →「チームを管理」をクリックして、ワークスペースにチームの管理画面を開いて行います。

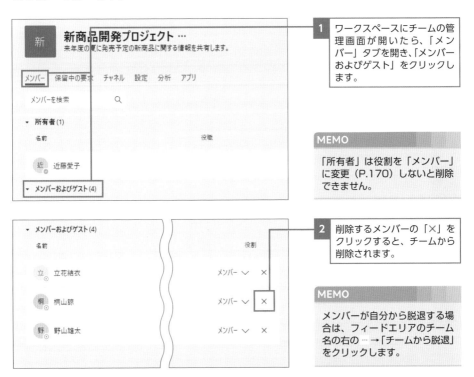

1 ワークスペースにチームの管理画面が開いたら、「メンバー」タブを開き、「メンバーおよびゲスト」をクリックします。

MEMO

「所有者」は役割を「メンバー」に変更（P.170）しないと削除できません。

2 削除するメンバーの「×」をクリックすると、チームから削除されます。

MEMO

メンバーが自分から脱退する場合は、フィードエリアのチーム名の右の … →「チームから脱退」をクリックします。

📶 スマートフォンの場合

　スマートフォンでは画面下の「チーム」タブをタップして開き、チーム名の右の … →「メンバーを管理」をタップします。メンバー一覧の画面が開くので画面上の 👤 をタップして「追加」の入力欄に、組織のメンバー名かゲストのメールアドレスを入力して招待します。

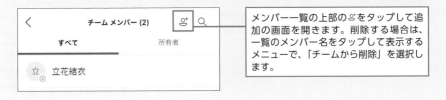

メンバー一覧の上部の 👤 をタップして追加の画面を開きます。削除する場合は、一覧のメンバー名をタップして表示するメニューで、「チームから削除」を選択します。

7

コラボレーションツール　Microsoft Teams

チームのメンバーの役割を変更しよう

メンバーの役割を変更する

チームの参加者には、「所有者」と「メンバー」という役割があります。この役割によって、できることに違いがあります。なお、所有者はチームのアクセス許可設定を変更することで、メンバーやゲストに可能な操作を変更することもできます。

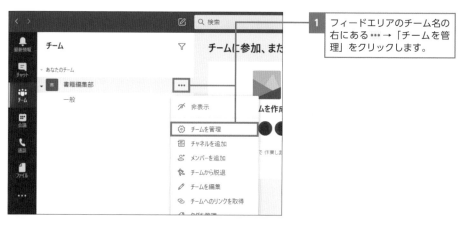

1 フィードエリアのチーム名の右にある ••• →「チームを管理」をクリックします。

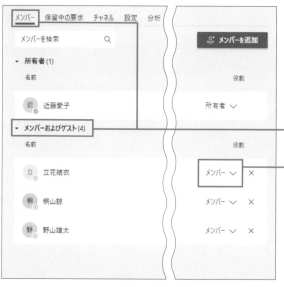

2 「メンバー」タブを開き、「メンバーおよびゲスト」をクリックし、役割を変更したいメンバーの「メンバー」をクリックします。

MEMO

所有者は、「設定」タブにある「メンバーアクセス許可」「ゲストのアクセス許可」で、可能な操作を指定することができます。

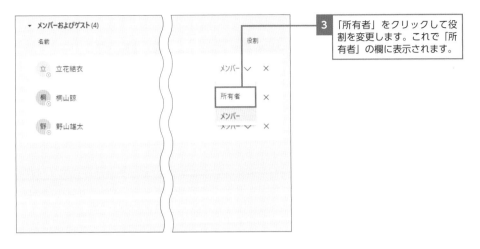

3 「所有者」をクリックして役割を変更します。これで「所有者」の欄に表示されます。

◆ **所有者とメンバーで可能な操作の違い**

操作	所有者	メンバー
チームの作成と削除	○	×
チーム名や説明の編集	○	×
チームの設定	○	×
メンバーの追加と削除	○	×
チャネルの追加と削除	○	△
チャネル名や説明の編集	○	△
タブ・コネクタ・ボットの追加	○	△

※△は所有者が設定した場合に可能

📶 スマートフォンの場合 ✉ 🔋

スマートフォンでは画面下の「チーム」タブをタップして開き、チーム名の右の …
→「メンバーを管理」をタップします。メンバー一覧の画面が開くので、メンバー
名をタップして表示するメニューで、「所有者にする」を選択します。

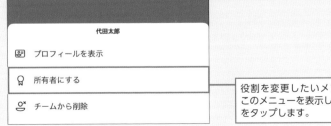

役割を変更したいメンバーをタップし、このメニューを表示して、「所有者にする」をタップします。

Chapter 7
07
チャネル

チーム内にチャネルを
作成しよう

チャネルとは？

チーム内には、目的や話題ごとにチャネルを作成できます。チャネルは最大200個まで作成することができます。チャネルとは、チーム内をトピックごとに分別したグループです。チームメンバーは、チーム上でチャットや情報の共有、ファイルの管理を行っているのではなく、各チャネル内で行うので、実際のコミュニケーションスペースとしての役割があります。つまり、チャネルごとにチャットやファイル共有の場を分けているので、目的や案件ごとにチャネルを作成することで管理もしやすいでしょう。

チャネルを作成する

チャネルには、チームに参加しているメンバー全員が参加できる標準チャネルと、許可したメンバーだけが参加できるプライベートチャネルがあります。案件の内容に合わせて使い分けましょう。

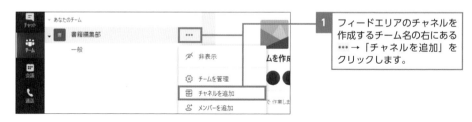

1 フィードエリアのチャネルを作成するチーム名の右にある ••• → 「チャネルを追加」をクリックします。

2 チャネル名と必要なら説明を入力します。「プライバシー」でチーム全員参加の「標準」か、メンバーを限定する「プライベート」かを選択します。ここでは「標準」を選んで、「追加」をクリックします。

MEMO

「プライベート」を選択すると、このあとに参加メンバーの追加の画面が表示されます。P.174の追加手順を参考に追加してください。

◆ プライバシーの設定

標準	チームの全員がチャネルに参加することができます。
プライベート	チャネルを作成した所有者と、チャネルに追加されたメンバーのみ参加することができます。

3 フィードエリアのチーム名の下に追加したチャネル名が表示されます。この場合は、「書籍編集部」チームの中に、「一般」チャネルと「MOOK編集部」チャネルが作成されています。

MEMO

プライベートチャネルの場合には、チャネル名の横にの 🔒 マークが入り、追加したメンバーにしか表示されません。

📶 スマートフォンの場合

アプリ画面下の「チーム」タブを表示し、チャネルを追加したいチーム名の右にある … →「チャネルを管理」をタップします。管理するチャネルの一覧画面が開くので、画面右上の「+」をタップしてチャネル作成画面を開き、チャネル名、説明、プライバシーを指定して追加できます。

管理するチャネルの一覧画面の上の「+」をタップして「チャネルを追加」画面を開きます。

COLUMN チャネルの通知を設定する

多くのチャネルで、すべてのアクティビティ（投稿など）で通知を行っていると、通知が煩くなりすぎることがあります。そんなときはチャネル毎に通知をどうするか選択します。フィードエリアのチャネル名の右の … →「チャネルの通知」のサブメニューで、すべてのアクティビティに通知するか個人のメンションや返信以外はオフにするかなどを指定できます。

チャネルにメンバーを追加しよう

メンバーを追加する

特定のメンバーを指定するプライベートチャネルですが、案件に関係するメンバーの交代などで、メンバーの追加や削除を行う必要もあるでしょう。ここでは、あとからメンバーを追加してみましょう。外部の人でも、チームにゲストとして参加していれば、追加することができます。なお。チームのメンバー全員が参加する標準チャネルでは、メンバーの追加や削除は行いません。

1 フィードエリアのプライベートチャネル名の右にある •••→「メンバーを追加」をクリックします。

MEMO

プライベートチャネルには、チャネル名の後ろに 🔒（鍵マーク）が表示されます。

2 チームに参加しているメンバーの名前を入力すると、リストで表示されるので選択して、「追加」をクリックして追加します。複数人の追加が可能です。追加できたら「閉じる」をクリックします。

メンバーを削除する

　プライベートチャネルからメンバーを削除することもあるでしょう。削除された
メンバーでは、プライベートチャネル名も表示されなくなります。

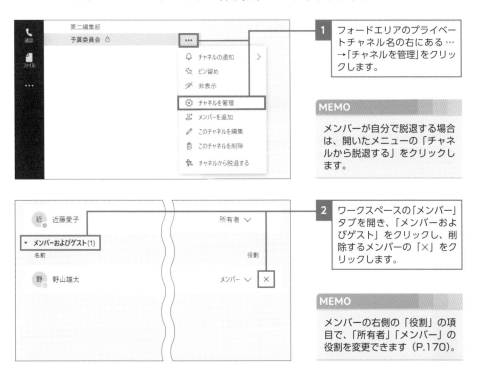

1 フォードエリアのプライベートチャネル名の右にある … →「チャネルを管理」をクリックします。

MEMO

メンバーが自分で脱退する場合は、開いたメニューの「チャネルから脱退する」をクリックします。

2 ワークスペースの「メンバー」タブを開き、「メンバーおよびゲスト」をクリックし、削除するメンバーの「×」をクリックします。

MEMO

メンバーの右側の「役割」の項目で、「所有者」「メンバー」の役割を変更できます（P.170）。

📶 スマートフォンの場合　　✉ 🔋

メンバーの追加と削除は、アプリ画面下の「チーム」タブを開き、チャネルの親になるチーム名の右にある … →「チャネルを管理」をタップします。チャネル名が一覧できるので対象のプライベートチャネル名の右の … をタップしてメニューを表示します。「メンバーを管理」をタップしたメンバーの一覧表示の画面で追加と削除を行います。

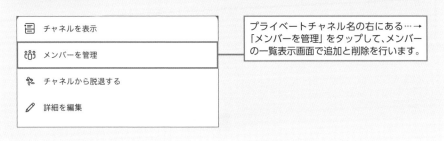

プライベートチャネル名の右にある … →「メンバーを管理」をタップして、メンバーの一覧表示画面で追加と削除を行います。

チャネルを
編集／削除しよう

Chapter 7
09
チャネル

チャネルを編集する

　案件やプロジェクトごとに情報交換をするチャットですが、プロジェクトの変更や新しい案件に移行することもあります。そのときに、これまでの内容を引き継ぎたいなら、チャネル名を変更してしまいましょう。チャネルを編集機能で、名前を変更することができます。

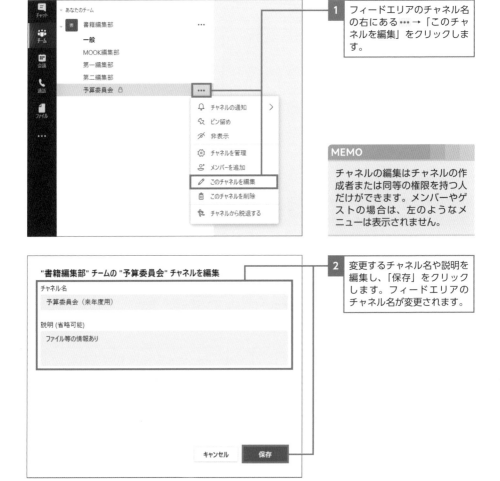

1 フィードエリアのチャネル名の右にある •••→「このチャネルを編集」をクリックします。

MEMO

チャネルの編集はチャネルの作成者または同等の権限を持つ人だけができます。メンバーやゲストの場合は、左のようなメニューは表示されません。

2 変更するチャネル名や説明を編集し、「保存」をクリックします。フィードエリアのチャネル名が変更されます。

┃チャネルを削除する

　プロジェクトが終わり、使わないチャネルになったら削除することができます。削除するとチャットのメッセージ内容は削除されますが、やり取りしたファイルは、SharePointに保存されていますので、メインメニューの「ファイル」で見ることができます。

1 フィードエリアの削除したいチャネル名の横の … →「このチャネルを削除」をクリックします。

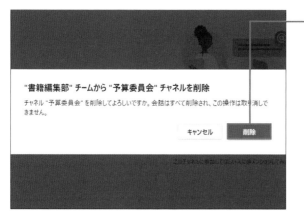

2 「削除」をクリックします。フィードエリアのチャネル名がなくなります。

📶 スマートフォンの場合　　✉ 🔋

アプリ画面下で「チーム」タブを開き、チャネルの親のチーム名の右の … →「チャネルを管理」をタップします。編集や削除がしたいチャネル名の右の … →「詳細を編集」で、チャネル名や説明を入力でき、この画面下の「チャネルを削除」をタップして削除できます。

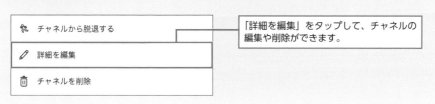

「詳細を編集」をタップして、チャネルの編集や削除ができます。

Chapter 7

10

メッセージ

チャネルにメッセージを 送信しよう

メッセージを送信する

　チャネル内では、メッセージやリアクションをやり取りするチャットで、コミュニケーションを取ることができます。絵文字や「いいね！」などのリアクションで感情を伝えて、より円滑なやり取りができるでしょう。チャットは各チャネルのワークスペースの「投稿」タブで行います。

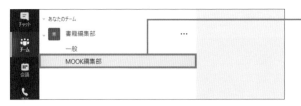

1 メインメニューの「チーム」を選択し、フィードエリアでチャットするチャネルをクリックします。

MEMO

メインメニューの「チャット」では、組織内の人とのチャットができます。フィードエリアで（新しいチャット）をクリックし、チャット相手を追加してチャットを行っていきます。

2 ワークスペースで「投稿」タブを開きます。画面下の入力欄にメッセージを入力し、▷をクリックします。

MEMO

画面下にメッセージの入力欄がない場合は、そこに「新しい会話」ボタンがありますのでクリックして入力欄を表示します。メッセージ下の「返信」をクリックすると、スレッドで入力していくことになります。

3 「投稿」画面にメッセージが投稿されます。

MEMO

投稿されたメッセージにマウスカーソルを合わせると、「いいね！」を含めた6種類のアイコンが右上に表示されるので、メッセージに対しての感情をワンクリックで伝えられます。反応したアイコンはメッセージの下に表示されます。

メッセージに絵文字などを使う

　メッセージを送るときに、絵文字やGIF画像、ステッカーなどを使うことができます。ちょっとした気持ちを表すのに使うと、円滑なコミュニケーションにつながるでしょう。

> メッセージの入力欄の下にある😊をクリックすると絵文字一覧が表示されるので、選択して入力できます。GIFでGIF画像、😀でステッカーなどを選択して送ることができます。

📶 スマートフォンの場合

アプリの画面下の「チーム」タブを開き、チャネル名をタップして、「投稿」タブでチャットを行います。投稿画面の下の「新しい投稿」をタップしてメッセージを入力します。

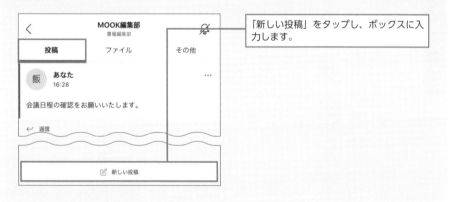

> 「新しい投稿」をタップし、ボックスに入力します。

COLUMN　メンション機能を利用する

　メンション機能とは、特定の相手に対してメッセージを送信したり、通知をしたりすることができる機能です。入力欄に「@」を入力すると、送信候補が表示されるので、相手をクリックして、メッセージを入力しましょう。なお、メンション機能で送ったメッセージもメンバー全員が見ることができます。メンションされた相手は必ず通知されるので、気づきやすくなります。

Chapter 7

11

メッセージ

ファイルを送信しよう

ファイルを送信する

　ファイルをチャネルメンバーと共有しましょう。チャットで資料データを送って説明するとスムーズでしょう。なお、メッセージからファイルを送信する場合は、パソコンに保存しているデータのほかに、Microsoftアカウントで使えるようになるOneDriveや、「ファイル」タブにすでにアップロードされているファイルを参照することができます。

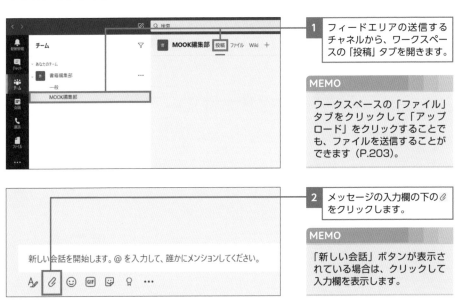

1 フィードエリアの送信するチャネルから、ワークスペースの「投稿」タブを開きます。

> **MEMO**
>
> ワークスペースの「ファイル」タブをクリックして「アップロード」をクリックすることでも、ファイルを送信することができます（P.203）。

2 メッセージの入力欄の下の🖉をクリックします。

> **MEMO**
>
> 「新しい会話」ボタンが表示されている場合は、クリックして入力欄を表示します。

COLUMN　「チャット」で使える配信オプション

　メインメニューの「チャット」で相手にメッセージを送るときには、メッセージの入力欄の下に、！（配信オプション）があります。これをクリックして、「重要」や2分間隔で20分間相手に通知される「緊急」をメッセージに付けて送ることができます。チャンネルの「投稿」では使えません（2020年9月時点）。

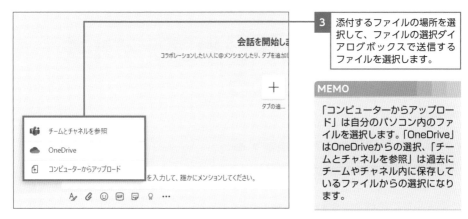

3 添付するファイルの場所を選択して、ファイルの選択ダイアログボックスで送信するファイルを選択します。

MEMO

「コンピューターからアップロード」は自分のパソコン内のファイルを選択します。「OneDrive」はOneDriveからの選択、「チームとチャネルを参照」は過去にチームやチャネル内に保存しているファイルからの選択になります。

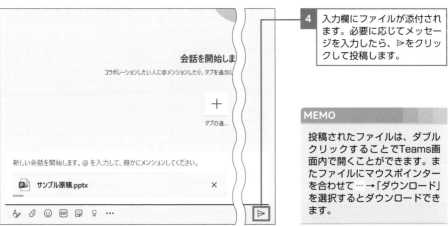

4 入力欄にファイルが添付されます。必要に応じてメッセージを入力したら、▷をクリックして投稿します。

MEMO

投稿されたファイルは、ダブルクリックすることでTeams画面内で開くことができます。またファイルにマウスポインターを合わせて … →「ダウンロード」を選択するとダウンロードできます。

⑾ スマートフォンの場合

ファイルを添付するには、「投稿」タブの画面下の「新しい投稿」をタップしてメッセージ入力欄を表示し、⬭をタップして添付ファイルを選択します。

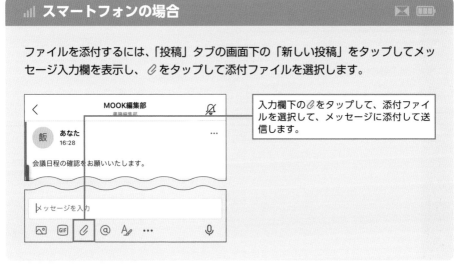

入力欄下の⬭をタップして、添付ファイルを選択して、メッセージに添付して送信します。

12

メッセージ

メッセージやファイルを
検索しよう

｜メッセージやファイルを検索する

検索機能を利用して、メッセージやファイルを探すことができます。「メッセージ」「ユーザー」「ファイル」に分類されて表示される検索結果をさらにフィルター機能で絞り込むことができます。なお、画面上の検索ボックスで検索すると、チームやチャネルのすべてのメッセージやファイルから検索することができます。検索結果はフィードエリアに表示されます。

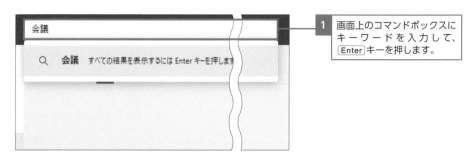

1 画面上のコマンドボックスにキーワードを入力して、Enter キーを押します。

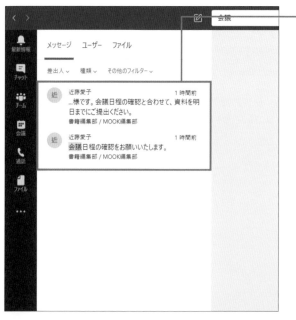

2 フィードエリアに検索結果が表示されます。選択するとワークスペースに内容が表示されます。

MEMO

検索結果は「メッセージ」「ユーザー」「ファイル」に分かれて表示されます。それぞれをクリックして内容を確認するようにしましょう。

検索結果を絞り込む

　検索結果は「差出人」「種類」（チャットかチャネルかなど）だけでなく、フィルター
で絞り込むことができます。

> **1** 検索結果の上の「その他の
> フィルター」をクリックしま
> す。

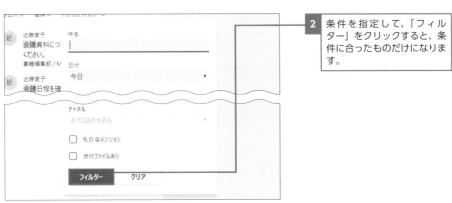

> **2** 条件を指定して、「フィル
> ター」をクリックすると、条
> 件に合ったものだけになりま
> す。

件名	メッセージの件名で絞り込みます。
日付	メッセージが送信された日付で絞り込みます。
チーム	チームを選択して絞り込みます。
チャネル	チャネルを選択して絞り込みます。
私の@メンション	自分宛てにメンション機能で送信されたメッセージから絞り込みます。
添付ファイルあり	ファイルが添付されたメッセージから絞り込みます。

📶 スマートフォンの場合

アプリの画面上の🔍 をタップし、検索ボックスにキーワードを指定して検索します。

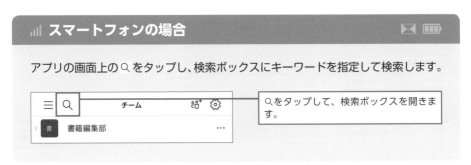

> 🔍をタップして、検索ボックスを開きま
> す。

メッセージを保存しよう

メッセージを保存する

　忘れたくない重要なメッセージは保存しておきましょう。1つのメッセージを保存すると、前後のやり取りもまとめて確認することができます。

1 保存したいメッセージにマウスカーソルを合わせ、…をクリックして保存します。

2 「このメッセージを保存する」をクリックして保存します。

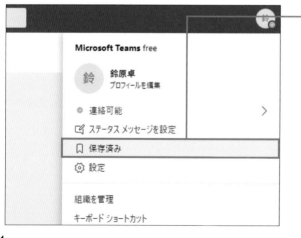

3 保存したメッセージを一覧で表示するには、画面右上のプロフィール画像をクリックしたメニューの「保存済み」をクリックします。

MEMO

保存メッセージの赤い 🚩 をクリックすると、保存を取り消すことができます。

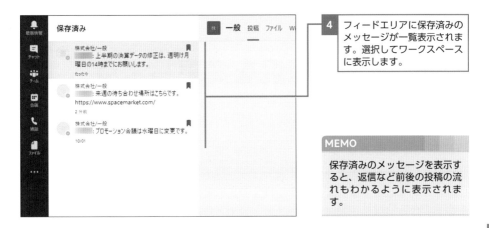

4 フィードエリアに保存済みの メッセージが一覧表示されま す。選択してワークスペース に表示します。

MEMO

保存済みのメッセージを表示す ると、返信など前後の投稿の流 れもわかるように表示されま す。

スマートフォンの場合

スマートフォンでもメッセージを開いて、右上の … → 「保存」をタップしてメッセー ジを保存できます。保存したメッセージは、アプリの画面下の「その他」タブをクリッ クして開いたアイコンの中の「保存済み」をタップすると一覧表示されます。

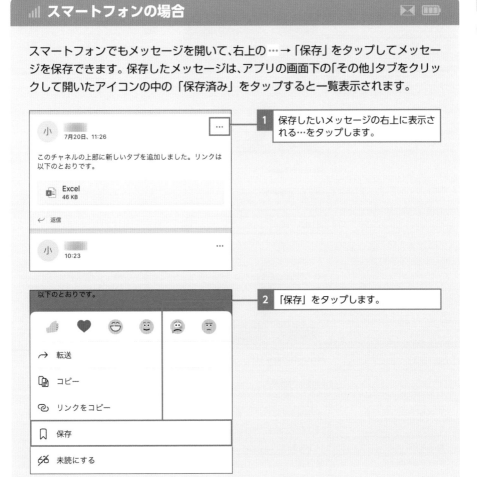

1 保存したいメッセージの右上に表示さ れる…をタップします。

2 「保存」をタップします。

在席状況を変更しよう

在席状況を変更する

　Teamsでは、現在の在席状況がプロフィール画像にマークで表示されています。在席状況を変更することで、現在の自分の状況をほかのメンバーに伝えることができます。在席状況はパソコンやスマートフォンの利用状況と連動して自動的に変更されますが、任意で変更することも可能です。

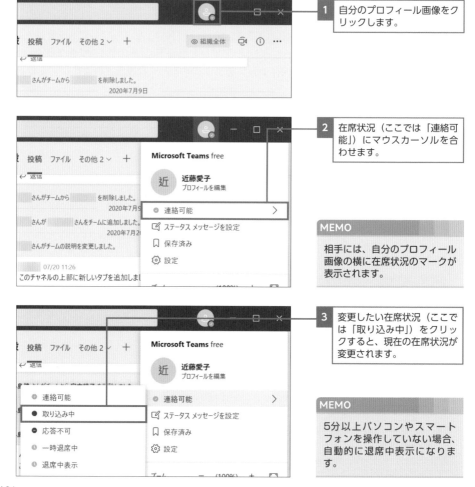

1 自分のプロフィール画像をクリックします。

2 在席状況（ここでは「連絡可能」）にマウスカーソルを合わせます。

MEMO

相手には、自分のプロフィール画像の横に在席状況のマークが表示されます。

3 変更したい在席状況（ここでは「取り込み中」）をクリックすると、現在の在席状況が変更されます。

MEMO

5分以上パソコンやスマートフォンを操作していない場合、自動的に退席中表示になります。

.ıl スマートフォンの場合

スマートフォンでいつでも状況を変更できます。アプリの画面上にある≡をタップして、在席状況の表示をタップして状況一覧を開いて変更することができます。

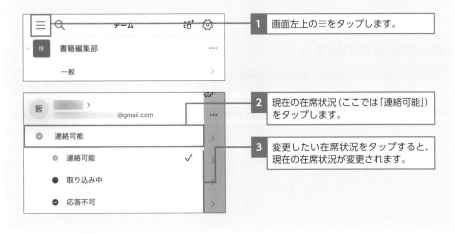

| | | 画面左上の≡をタップします。 |

1 画面左上の≡をタップします。

2 現在の在席状況（ここでは「連絡可能」）をタップします。

3 変更したい在席状況をタップすると、現在の在席状況が変更されます。

COLUMN **在席状況のマークについて**

在席状況を示すマークは、自動で変更されるときのほうが種類が豊富です。1つのマークが複数の在席状況に使われている場合もあります。

	任意で変更	自動で変更		任意で変更	自動で変更
	連絡可能	連絡可能		退席中 一時退席中	退席中 ○○（時刻） 業務時間外
	−	連絡可能 外出中		−	オフライン
	取り込み中	取り込み中 通話中 会議中		−	状態不明
	−	通話中 外出中		−	ブロック されました
	応答不可	発表中 フォーカス		−	外出中

コラボレーションツール Microsoft Teams

187

15 ビデオ会議をはじめる

ビデオ会議を開始する

　Teamsのビデオ会議は、無料と有料のアカウントで違いがあります。大きな違いは有料アカウントでは、会議予約をすることができますが、無料では予約ができず、すぐにビデオ会議をはじめることしかできません。そのため、メニューなどの違いがあることに注意してください。

　チャネルやチャットでやり取りをしているときに、そのままビデオ会議をはじめたいこともあるでしょう。チャネルを開き、ワークスペースの右上に表示される「会議」をクリックします。このとき有料版では「今すぐ会議」「会議をスケジュール」の選択肢が表示されます。「今すぐ会議」をクリックして、ビデオ会議画面の「今すぐ会議」ボタンをクリックすると、ビデオ会議がはじまります。チャネルのメンバーに通知されて、それぞれ参加をしてくることになります。

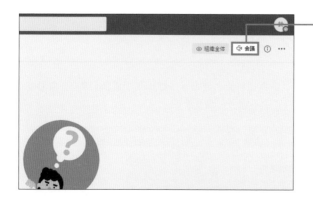

1 チャネルを選択してワークスペース上の「会議」をクリックします。

MEMO

有料アカウントでは、「会議」ボタンの横に「▽」ボタンが表示され、クリックすると「今すぐ会議」「会議をスケジュール」のメニューが表示されます。「会議をスケジュール」から会議予約が可能です。

2 ビデオ会議画面が開くので、「今すぐ会議」をクリックして、ビデオ会議をはじめます。

MEMO

ビデオ会議の通知がチャネル参加者に送られるので、それぞれ参加操作をしていきます。

招待を送られた外部の人は、招待のリンクをクリックして、「代わりにWeb上で参加」をクリックするとWebブラウザーが開き、ゲストとして参加することができます。なお、ゲストとして参加した場合、ビデオ会議の一部機能は使うことができません。

チャットからビデオ会議をはじめる

　メインメニューの「チャット」からビデオ会議をはじめることもできます。メインメニューで「チャット」を選択し、フィードエリアの画面上の⌕（新しいチャット）をクリックします。ワークスペースにメンバーの追加欄が表示されるので、テレビ会議を行う相手を追加していきます。メッセージ入力欄をクリックして、ワークスペース右上に●（ビデオ通話）をクリックするとビデオ会議画面が表示され、相手が参加するとビデオ会議がはじまります。

1 メインメニューで「チャット」を選択し、フィードエリアの上にある⌕（新しいチャット）をクリックします。

2 ワークスペースでメンバーを追加していきます。

3 ワークスペース下のメッセージ入力欄をクリックすると、ワークスペース右上に●（ビデオ通話）が表示されるので、クリックするとビデオ会議画面が開きます。

7

コラボレーションツール　Microsoft Teams

ビデオ会議画面の操作

ビデオ会議画面では、画面の下側にビデオ会議の終了ボタンも含め操作ボタンが並んでいます。

❶ビデオの停止

カメラのオフ／オンを切り替えることができます。ビデオの設定が行えます。

❷ミュート

マイクのオフ／オンを切り替えることができます。音声の設定が行えます。

❸画面を共有

ファイルやブラウザーなどパソコン上の画面を参加者と共有できます。

❹その他の操作

設定や画面表示などの操作ができます。

❺手を挙げる

発言したいときなどに手を挙げることができます。

❻チャット

参加者とチャットが行えます。

❼参加者

ビデオ会議参加者の一覧や追加、待機室の管理などが行えます。

❽終了

通話を終了します。

スマートフォンからもビデオ会議を行うことが可能です。事前に会議を作成し、そこへ参加することで、ビデオ会議を開始できます。

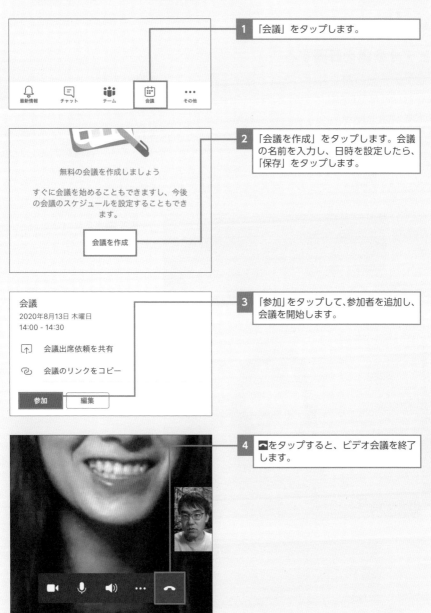

1 「会議」をタップします。

2 「会議を作成」をタップします。会議の名前を入力し、日時を設定したら、「保存」をタップします。

無料の会議を作成しましょう

すぐに会議を始めることもできますし、今後の会議のスケジュールを設定することもできます。

会議を作成

3 「参加」をタップして、参加者を追加し、会議を開始します。

会議
2020年8月13日 木曜日
14:00 - 14:30

⬆ 会議出席依頼を共有

⟲ 会議のリンクをコピー

参加　　編集

4 ☎をタップすると、ビデオ会議を終了します。

7

(👥) コラボレーションツール Microsoft Teams

Chapter 7

16 ビデオ会議を録画しよう

ビデオ会議

ビデオ会議を録画する

　ビデオ会議の開催者は、会議の様子を録画することができます。なお、会議の録画を行うにはMicrosoft 365（有料のMicrosoftアカウント）のライセンスが必要です。ビデオ会議を録画すると、自動的にMicrosoft Stream（組織内のメンバーがビデオをアップロード、視聴、共有できるサービス）上に保存されるので、保存し忘れる心配もありません。なお、録画したデータが再生可能になると、録画を開始したユーザーにMicrosoft Streamからメールで通知されます。この通知は会議のチャットにも表示されるので、メンバー全員で録画を見ることができます。

1 ●●●をクリックし、「レコーディングを開始」をクリックします。

2 ビデオ会議の録画が開始されます。

3 ビデオ会議の録画を終了するときは、●●●→「レコーディングを停止」をクリックします。

録画した会議をファイル共有する

　ビデオ会議を録画すると、録画を行ったチャネルに録画したビデオ会議のサムネイルが表示されるので、そこから共有の設定を行うことができます。共有したビデオはクリックすることで閲覧できます。

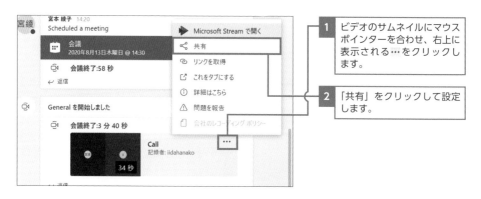

1　ビデオのサムネイルにマウスポインターを合わせ、右上に表示される … をクリックします。

2　「共有」をクリックして設定します。

7

コラボレーションツール　Microsoft Teams

📶 スマートフォンの場合

スマートフォンからでもビデオ会議の録画をすることが可能です。なお、共有する場合は、録画を行ったチャネルを開き、投稿に表示されるサムネイルをタップし、「リンクをコピー」をタップしてリンクを送ります。

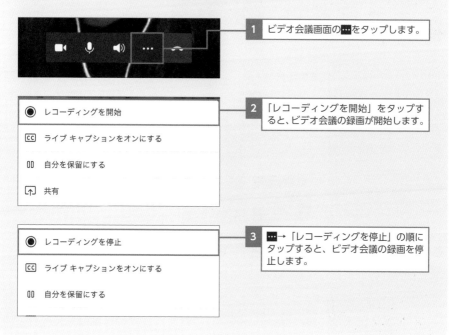

1　ビデオ会議画面の ••• をタップします。

2　「レコーディングを開始」をタップすると、ビデオ会議の録画が開始します。

3　••• →「レコーディングを停止」の順にタップすると、ビデオ会議の録画を停止します。

Chapter 7
17
ビデオ会議

ビデオ会議の背景を変更しよう

ビデオの背景を変更する

　ビデオ会議で背景に部屋の状況が映ってしまうのが嫌という場合、背景を変更する機能を使いましょう。デフォルトで用意されている背景以外にも自分で用意した背景画像に変更することもできます。

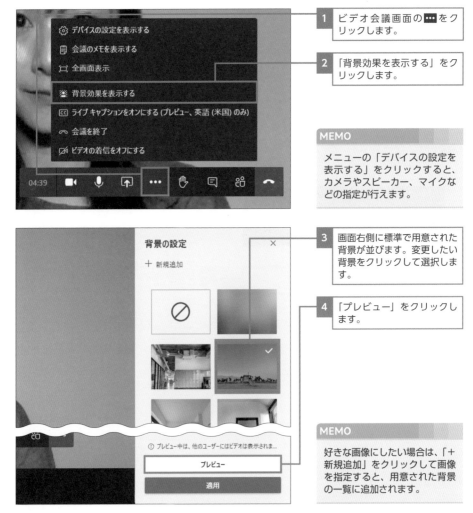

1 ビデオ会議画面の ••• をクリックします。

2 「背景効果を表示する」をクリックします。

3 画面右側に標準で用意された背景が並びます。変更したい背景をクリックして選択します。

4 「プレビュー」をクリックします。

5 プレビューを確認して、「適用してビデオをオンにする」をクリックします。

6 背景が変更されます。

.ıll スマートフォンの場合

スマートフォンでは、背景画像を変更することはできませんが、背景の様子をぼかすことによって、プライバシーに配慮してビデオ会議を行うことができます。ビデオ会議画面下に表示される ■■ をタップして、「背景をぼかす」をタップしてぼかすことができます。

🖐	手を挙げる
⠿	ダイヤルパッド
🎇	背景をぼかす

ビデオ会議中の画面下部に表示される ■■■ →「背景をぼかす」をタップします。

Chapter 7

18

ビデオ会議

ビデオ会議中に チャットしよう

ビデオ会議中にチャットする

　ビデオ会議中でもチャット機能を利用することができます。会議中のチャット画面は画面右側に表示されます。ビデオ会議中にチャットを利用することで、WebサイトのURLやメールアドレスなど、音声や身ぶりだけでは伝えにくい情報を共有しやすくなります。ここでチャットをすると、メインメニューの「チャット」やチャネルの投稿にも反映されるので、あとから見直すこともできます。

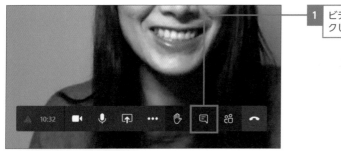

<table>
<tr><td>1</td><td>ビデオ会議画面の□をクリックします。</td></tr>
</table>

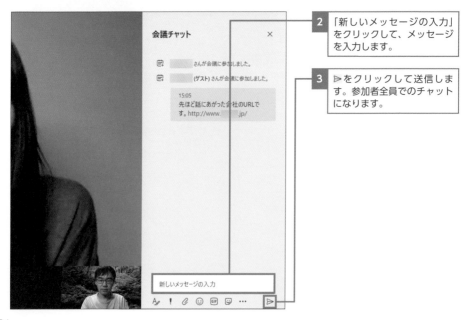

<table>
<tr><td>2</td><td>「新しいメッセージの入力」をクリックして、メッセージを入力します。</td></tr>
<tr><td>3</td><td>▷をクリックして送信します。参加者全員でのチャットになります。</td></tr>
</table>

ᴀ|| スマートフォンの場合

ビデオ会議画面の右上部の回から、チャット画面を表示し、メッセージのやり取りができます。ただし、チャット画面を表示している間は、カメラの映像が反映されません。

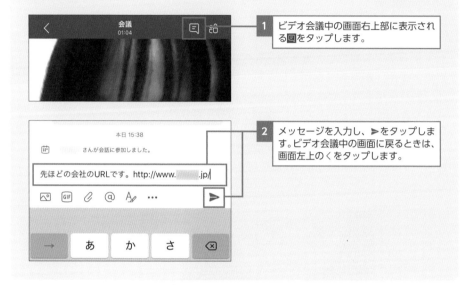

1 ビデオ会議中の画面右上部に表示される回をタップします。

2 メッセージを入力し、▶をタップします。ビデオ会議中の画面に戻るときは、画面左上のくをタップします。

COLUMN ビデオ会議中に手を挙げる

ビデオ会議中に発言したい場合や多数決を取りたい場合など、ビデオに手を挙げるアイコンを表示することができます。声を出す必要がないので、これらの動作をスムーズに行うことが可能です。手を挙げるときは、ビデオ会議中の画面下部に表示される🖐をクリックします。手を降ろすときは、もう一度🖐をクリックします。手を挙げると、相手からは参加者一覧で手を挙げたアイコンが表示されます。

ビデオ会議中に
パソコン画面を共有しよう

パソコン画面を共有する

　ビデオ会議に参加しているメンバーとリアルタイムで作業中の画面を共有することができます。画面共有をすると、同じ画面を見ながら話し合いをしたり、操作の一連の流れを相手に見せたりすることができるので便利です。

　共有できる画面の種類にはいくつかあります。自分のパソコンのデスクトップ画面、今開いているウィンドウ画面、スライドを映してプレゼンなどが行えるPowerPointの画面、今は開いていないけれどデータを参照して開くことができる画面、ホワイトボードの画面です。ExcelやWordの画面を見せたい場合は、ウィンドウか参照で画面を指定して表示するとよいでしょう。

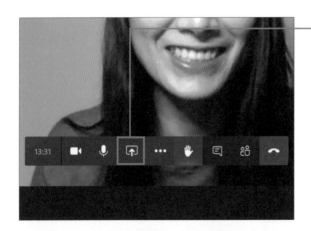

1 ビデオ会議中の画面下部に表示される🔼をクリックします。

2 共有できる画面の種類が表示されます。共有したい画面をクリックして選択すると、共有が始まります。

MEMO

共有を終了するときは、🔼（共有を停止）をクリックします。また共有するとビデオ会議画面が小さく表示されることがありますが、クリックすると元に戻ります。

📶 スマートフォンの場合 ✉ 📠

スマートフォンではPowerPoint、写真、ビデオ、画面を共有することができます。

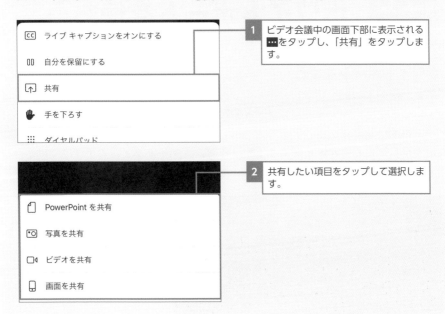

1 ビデオ会議中の画面下部に表示される■■■をタップし、「共有」をタップします。

2 共有したい項目をタップして選択します。

COLUMN 共有できる画面の種類

共有できる画面の種類には5種類あります。❶デスクトップ、❷ウィンドウ、❸
PowerPoint、❹参照、❺ホワイトボード（P.200参照）です。画面共有では、
一緒に閲覧できるだけでなく、自分が共有している画面を参加者も操作したり、共
有している画面から鳴らされるオーディオを共有したりすることもできます。

Chapter 7

20

ビデオ会議

ビデオ会議中に
ホワイトボードを使おう

ホワイトボードを使う

会議の内容を簡単にメモしたり、図を使って説明したいといった場合、会議の参加者がマウス操作などでスケッチできるホワイトボードが用意されています。ホワイトボードは共有画面から表示して活用します。ホワイトボードを使うと、会議の参加者全員による共同編集ができます。なお、スマートフォンのアプリでは、ホワイトボードの機能は使用できません。

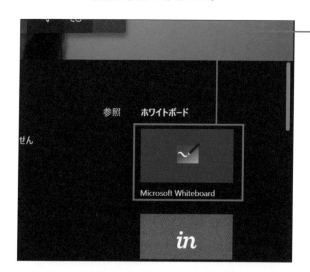

1 P.198手順2の画面で「ホワイトボード」にある「Microsoft Whiteboard」をクリックします。

2 ホワイトボードが表示されます。

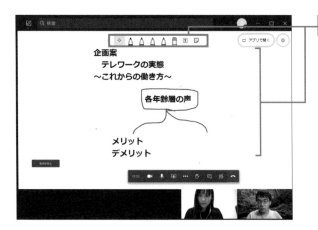

3 マウスで描画できます。色を変更したり、線を消したりしたい場合は、画面上部のアイコンをクリックして選択します。

4 ホワイトボードの外にマウスカーソルを移動して、「発表を停止」をクリックすると、ホワイトボードの共有が終了します。

MEMO

ホワイトボードで記入した内容は画像として保存できます。ホワイトボードが表示された状態で、右上の ⚙ →「画像（PNG）のエクスポート」をクリックして、保存先を選択すると、保存が完了します。

COLUMN **ホワイトボードのツール**

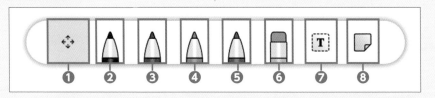

① ② ③ ④ ⑤ ⑥ ⑦ ⑧

ホワイトボードには次のツールがあります。①パン/ズーム、②黒のペン、③赤のペン、④緑のペン、⑤青のペン、⑥消しゴム、⑦テキストの追加、⑧メモの追加の8種類です。ホワイトボードに書き込んだ内容を削除するときは、削除したい書き込みをクリックして選択し、🗑 をクリックすると削除することができます。

Officeファイルを共同で作業しよう

Officeファイルを共同で作業する

　チャネルやチャットに送信されたExcelやWord、PowerPointのようなOfficeファイルを、メンバーと共同編集することができます。メッセージに添付されたファイルを開くと、編集を行うことができます。編集した内容は自動的に保存されます。チームのワークスペースの「ファイル」タブにアップロードされた共有ファイルは、チームのすべてのメンバーがアクセスできます。ほかのメンバーが編集している場合は、リアルタイムで変更内容が統合されていきます。

1 編集したいメッセージのファイルをクリックします。

MEMO

ファイル名の右にある … をクリックすると、パソコンのOfficeアプリで開くか、Webブラウザー版で開くかなどを選択できます。

2 ファイルが開き、編集を行うことができます。編集したら、「閉じる」をクリックします。編集された内容は、Teams内に自動保存されています。

スマートフォンからもOfficeファイルの編集を行うことができますが、スマートフォン版の各種Officeアプリ（Word ／ Excel ／ PowerPoint）のインストールが必要です。メッセージに添付されたOfficeファイルをタップして開き、上部の ✎ をタップして編集することができます。

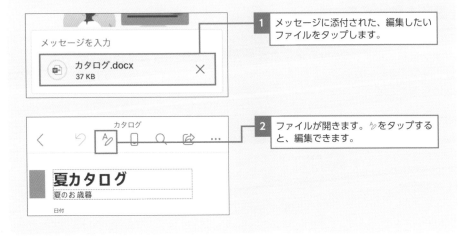

1 メッセージに添付された、編集したいファイルをタップします。

2 ファイルが開きます。✎をタップすると、編集できます。

COLUMN **共同作業するファイルをアップロードする**

チャネルの「投稿」のメッセージに添付したファイルは、ワークスペースの「ファイル」タブにも登録されます。メッセージの添付ではなく、この「ファイル」タブの画面上の「アップロード」をクリックしてもファイルをアップロードできます。「ファイル」タブにアップロードしておけば、チャネルの参加者がアクセスして、共同で作業をすることが可能です。

通知を設定しよう

通知を設定する

通知を設定してメッセージやメンションを見逃しにくくしましょう。通知のオン／オフだけでなく、細かい設定も可能です。通知設定は、「設定」画面で行います。「メンション」「メッセージ」「ハイライト」「会議」「状態」の項目の中から設定したい通知を選択します。

1 画面右上のプロフィール画像 →「設定」をクリックします。

2 「設定」の画面左で、「通知」 をクリックします。

3 「メンション」「メッセージ」「その他」「会議」「状態」のの各項目で、設定したい通知の種類をクリックして選択します。

MEMO

「状態」では、特定のユーザーを設定に追加することで、その人が連絡可能、またはオフラインになったときに通知を受け取ることができます。

バナーとメール	パソコンのポップアップ通知とメールで通知してくれます。
バナー	パソコンのポップアップ通知をしてくれます。
フィードのみ表示	フィードエリアのみで通知が表示されます。なお、パソコンのタスクバーにも通知が表示されますが、ポップアップはされません。

スマートフォンの場合

スマートフォンでは、アプリ内の通知オンや振動の有無などの設定も可能です。

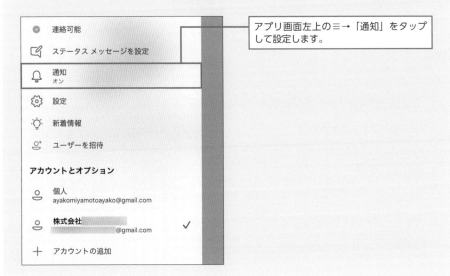

アプリ画面左上の≡→「通知」をタップして設定します。

2段階認証を設定する

2段階認証はMicrosoftアカウント自体に設定することで、Teamsのセキュリティを高めることができます。なお、会社でMicrosoftアカウントを契約している場合、管理者に2段階認証を設定するかどうかを確認しましょう。

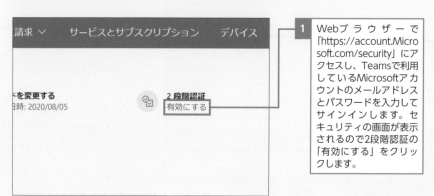

1 Webブラウザーで「https://account.Microsoft.com/security」にアクセスし、Teamsで利用しているMicrosoftアカウントのメールアドレスとパスワードを入力してサインインします。セキュリティの画面が表示されるので2段階認証の「有効にする」をクリックします。

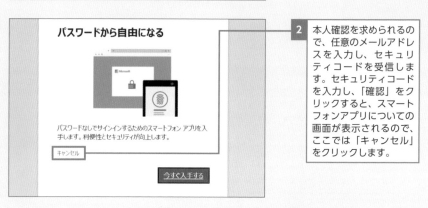

2 本人確認を求められるので、任意のメールアドレスを入力し、セキュリティコードを受信します。セキュリティコードを入力し、「確認」をクリックすると、スマートフォンアプリについての画面が表示されるので、ここでは「キャンセル」をクリックします。

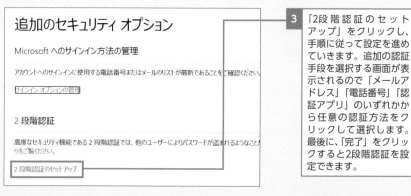

3 「2段階認証のセットアップ」をクリックし、手順に従って設定を進めていきます。追加の認証手段を選択する画面が表示されるので「メールアドレス」「電話番号」「認証アプリ」のいずれかから任意の認証方法をクリックして選択します。最後に、「完了」をクリックすると2段階認証を設定できます。

ファイル共有や共同編集に
役立つクラウドストレージ

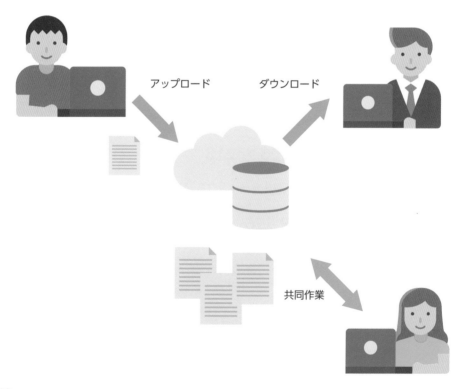

クラウドストレージの導入方法

クラウドストレージについて

　クラウドストレージとは、インターネット上に保存できるファイルの倉庫ようなものです。パソコンやUSBメモリに保存できるデータの量には限りがあります。そこで、クラウドストレージに保存することで、パソコンに保存しているデータをインターネット上にアップロードできます。アップロードしたデータは、別のパソコンやスマートフォンなどから閲覧したり、ダウンロードしたりできます。

　クラウドストレージサービスによっては、ダウンロードしないでインターネット上でデータの編集なども行うことができます。また、クラウドストレージにアップロードしたデータは他の人と共有することができます。これにより、データの受け渡しが簡単になり、さらに共同で同時にデータの編集なども行うことができるのです。

アップロード　　　　ダウンロード

共同作業

Dropboxを導入する

　Dropboxのアカウントを持っている場合は、登録画面で「ログイン」をクリックし、メールアドレスとパスワードを入力してログインします。アカウントを持っていない場合は、名前とメールアドレスとパスワードを入力して登録しましょう。

　なお、本書ではブラウザー版のDropboxで解説をします。Dropboxを終了する場合は、WebブラウザーのDropboxのページを閉じましょう。

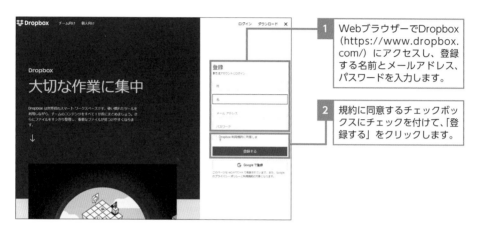

1 WebブラウザーでDropbox（https://www.dropbox.com/）にアクセスし、登録する名前とメールアドレス、パスワードを入力します。

2 規約に同意するチェックボックスにチェックを付けて、「登録する」をクリックします。

　本書では解説しませんが、Dropboxにはパソコン用のアプリもあります。アプリを利用すれば、エクスプローラーと同じようにファイルを利用することができます。Dropboxのフォルダーで行ったファイルへの変更が、クラウド上のファイルにも同期して反映されることになります。ただ、共有作業などは、Webブラウザーから行ったほうがわかりやすいので、本書ではブラウザー版での操作を紹介しています。

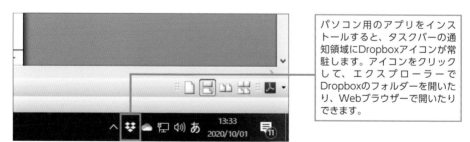

パソコン用のアプリをインストールすると、タスクバーの通知領域にDropboxアイコンが常駐します。アイコンをクリックして、エクスプローラーでDropboxのフォルダーを開いたり、Webブラウザーで開いたりできます。

📶 スマートフォンの場合

　スマートフォンでDropboxアプリを使う場合は、Androidの場合はPlay ストア、iPhoneの場合はApp Storeからインストールしておきましょう。インストールしたら、アプリを起動して、パソコンで作成したアカウントでログインします。

OneDriveを導入する

OneDriveはWindows 10に最初からインストールされており、利用にはMicrosoft アカウントが必要になります。会社で契約しているMicrosoftアカウントでサインインして問題ないか確認したうえで進めましょう。なお、OneDriveはパソコンの起動時に自動起動し、タスクバーの通知領域にアイコンが常駐しています。

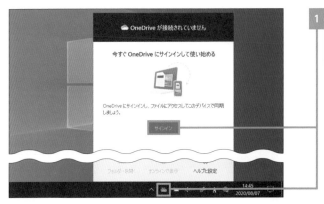

1 タスクバーの通知領域に表示されている■（OneDrive）をクリックし、「サインイン」をクリックします。

2 「OneDriveを設定」画面が表示されます。Microsoftアカウント（P.159参照）を入力し、「サインイン」をクリックします。

MEMO

Microsoftアカウントがない場合は、「アカウントを作成」をクリックして作成しましょう。

■ Microsoft

← suzukihiromisb@outlook.jp

パスワードの入力

●●●●●●●●

パスワードを忘れた場合

suzukihiromisb@outlook.jp についての電子メール コード

サインイン

3 Microsoftアカウントのパスワードを入力し、「サインイン」をクリックします。

Microsoft はお客様のプライバシーを尊重しています

データを OneDrive と Office に委ねる場合でも、そのデータの所有者はユーザーのままです。

詳細情報　　　　　　　　　　　　　　　　　　　　　　　　次へ

4 「Microsoftはお客様のプライバシーを尊重しています」画面が表示されます。「次へ」をクリックして進めます。このあといくつかの確認などが続きますので、指示に従って進めていきます。

OneDrive の準備ができました

戻る　　　　　　　　　　　　　　　OneDrive フォルダーを開く

5 「OneDriveの準備ができました」画面が表示されます。「OneDriveフォルダーを開く」をクリックします。

6 OneDriveフォルダーのウィンドウが開きます。このフォルダー内へのファイルやフォルダーの変更は、クラウド上のOneDriveストレージにも反映されることになります。

スマートフォンの場合

スマートフォンでOneDriveアプリを使う場合は、iPhoneの場合はApp Store、Androidスマートフォンの場合はPlayストアからインストールします。インストールしたら、アプリを起動して、サインインしましょう。

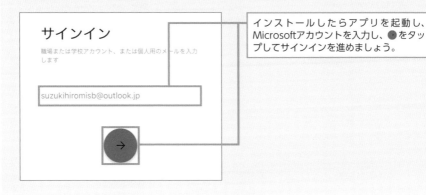

サインイン

職場または学校アカウント、または個人用のメールを入力します

suzukihiromisb@outlook.jp

→

インストールしたらアプリを起動し、Microsoftアカウントを入力し、●をタップしてサインインを進めましょう。

8

ファイル共有や共同編集に役立つクラウドストレージ

ファイルをアップロード／ ダウンロードしよう

Dropboxでファイルをアップロードする

Dropboxにファイルをアップロードしておけば、他の端末からでも簡単に閲覧したり、削除したりすることができます。なお、本書では解説していませんが、パソコンのアプリで同期している場合は、エクスプローラーでファイルの操作を行うと、他の端末でもファイルの操作が行われるので注意しましょう。

WebブラウザーでDropbox（https://www.dropbox.com）にアクセスし、アカウントのメールアドレスとパスワードでサインインして開きます。ファイルをアップロードするフォルダーを選択してアップロードします。

1 Dropboxにアクセスしたら、ページ左のメニューで「すべてのファイル」をクリックし、中央の一覧画面でアップロード先のフォルダーを選択します。画面右の「ファイルをアップロード」をクリックします。

MEMO

画面右の「新しいフォルダ」をクリックすると、新しくフォルダーを作成できます。

2 「開く」ダイアログボックスが開くので、アップロードするファイルを選択します。

3 「開く」をクリックすると、アップロードが始まります。

Dropboxでファイルをダウンロードする

　Dropboxにアップロードしたファイルは、同じアカウントでログインしたすべての端末でダウンロードすることができます。端末間でのファイル移動や、外出先で他の端末での作業をするときなどに便利です。

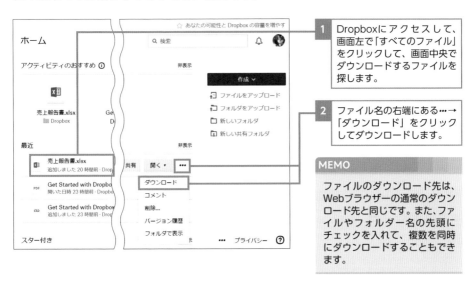

1 Dropboxにアクセスして、画面左で「すべてのファイル」をクリックして、画面中央でダウンロードするファイルを探します。

2 ファイル名の右端にある…→「ダウンロード」をクリックしてダウンロードします。

MEMO

ファイルのダウンロード先は、Webブラウザーの通常のダウンロード先と同じです。また、ファイルやフォルダー名の先頭にチェックを入れて、複数を同時にダウンロードすることもできます。

スマートフォンの場合

Dropboxアプリからファイルをアップロードするには、画面下の「作成」タブをタップして、「ファイルを作成／アップロード」をタップして、アップロードするファイルを選択します。また、スマートフォンでは、ファイルをダウンロードするよりも、そのまま表示することが多いでしょう。

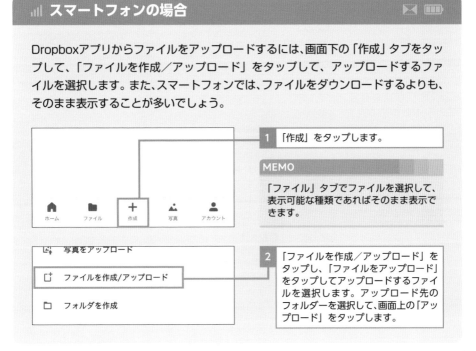

1 「作成」をタップします。

MEMO

「ファイル」タブでファイルを選択して、表示可能な種類であればそのまま表示できます。

2 「ファイルを作成／アップロード」をタップし、「ファイルをアップロード」をタップしてアップロードするファイルを選択します。アップロード先のフォルダーを選択して、画面上の「アップロード」をタップします。

OneDriveでファイルをアップロードする

　パソコンの起動時に自動起動しているOneDriveは、タスクバーの右端の通知領域のアイコンから操作を行います。エクスプローラーに組み込まれて動作しているので、通常のファイルやフォルダーの操作と同じです。そのため、ファイルをOneDriveフォルダーに移動するだけで、クラウドストレージにアップロードが行われます。

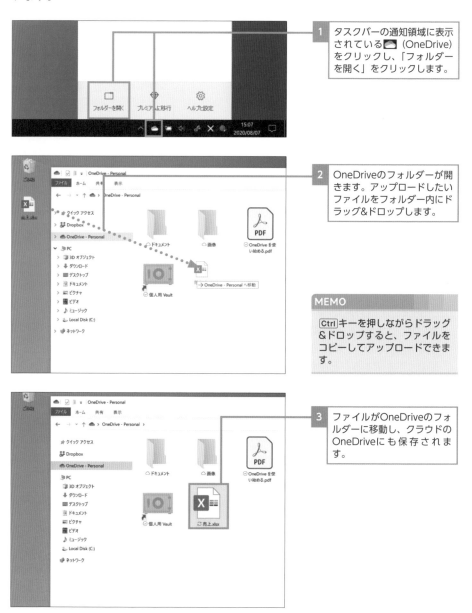

1 タスクバーの通知領域に表示されている　■（OneDrive）をクリックし、「フォルダーを開く」をクリックします。

2 OneDriveのフォルダーが開きます。アップロードしたいファイルをフォルダー内にドラッグ&ドロップします。

MEMO

Ctrlキーを押しながらドラッグ&ドロップすると、ファイルをコピーしてアップロードできます。

3 ファイルがOneDriveのフォルダーに移動し、クラウドのOneDriveにも保存されます。

OneDriveでファイルを移動するときの注意

OneDriveの標準設定では、OneDriveフォルダーのファイル／フォルダーは、クラウド上のファイルと自動的に同期されているため、手元のパソコンのOneDriveフォルダーとクラウドの内容は同じになります。つまり、他の端末からクラウドのOneDriveにアップロードしたファイルは、自動的に手元のパソコンのOneDriveフォルダーにダウンロードされています。

そこで注意が必要なのが、手元のパソコンのOneDriveフォルダーから、ファイルを別の場所に移動することで、そのファイルがクラウドのOneDriveから削除されることです。OneDriveフォルダーからのファイルやフォルダーの移動は、手元にだけファイルを残したい場合にだけ行いましょう。

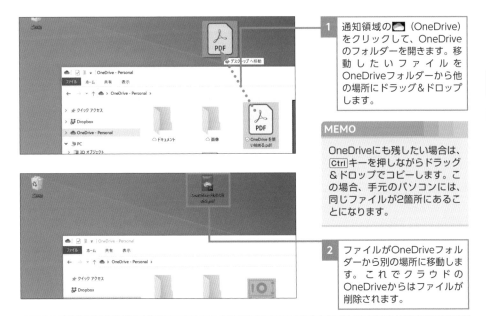

1 通知領域の ☁ (OneDrive) をクリックして、OneDrive のフォルダーを開きます。移動したいファイルを OneDriveフォルダーから他 の場所にドラッグ＆ドロップ します。

MEMO

OneDriveにも残したい場合は、Ctrl キーを押しながらドラッグ ＆ドロップでコピーします。この場合、手元のパソコンには、同じファイルが2箇所にあることになります。

2 ファイルがOneDriveフォルダーから別の場所に移動します。これでクラウドの OneDriveからはファイルが 削除されます。

COLUMN クラウドストレージの同期フォルダーを選択する

OneDriveでは、OneDriveフォルダー内のファイル操作をするだけで、クラウド側も常に最新の状態になるのはよいのですが、サイズが大きなファイルなどは、クラウド側にだけ保存しておきたいこともあります。そういう場合は、アプリでは同期の停止をし、Webブラウザーからだけファイル操作を行います。また、同期するフォルダーを選択する機能もあり、指定したフォルダー以外は、Webブラウザーからだけアクセスするようにします。

設定は、通知領域の ☁ を右クリック→「設定」をクリックして、「アカウント」タブの「フォルダーの選択」や「同期の停止」をクリックして行います。

ファイル共有や共同編集に役立つクラウドストレージ

Dropboxでファイル・フォルダーを共有しよう

ファイルを共有する

　他のユーザーとファイルを共有しましょう。なお、Dropboxでファイルを共有するにはメールアドレスの確認が必要です。初回ファイル共有時に、Dropboxに登録したメールアドレスに確認メールが届くので、メールを開いて確認を完了します。ファイル共有はWebブラウザーからの操作がわかりやすいでしょう。なお、共有相手には「編集用」と「閲覧用」で共有できます。「編集用」は、共有相手もデータを編集できますが、「閲覧用」は、共有相手はデータの閲覧のみ行えます。

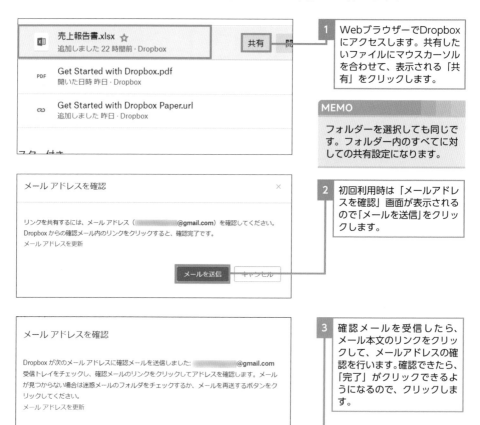

1 WebブラウザーでDropboxにアクセスします。共有したいファイルにマウスカーソルを合わせて、表示される「共有」をクリックします。

MEMO

フォルダーを選択しても同じです。フォルダー内のすべてに対しての共有設定になります。

2 初回利用時は「メールアドレスを確認」画面が表示されるので「メールを送信」をクリックします。

3 確認メールを受信したら、メール本文のリンクをクリックして、メールアドレスの確認を行います。確認できたら、「完了」がクリックできるようになるので、クリックします。

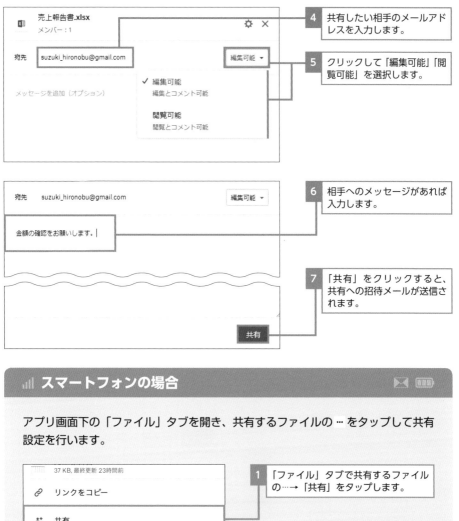

売上報告書.xlsx メンバー：1	⚙ ✕
宛先　suzuki_hironobu@gmail.com	編集可能 ▾

✓ 編集可能
編集とコメント可能

閲覧可能
閲覧とコメント可能

4　共有したい相手のメールアド
　レスを入力します。

5　クリックして「編集可能」「閲
　覧可能」を選択します。

宛先　suzuki_hironobu@gmail.com　　　　　編集可能 ▾

金額の確認をお願いします。|

共有

6　相手へのメッセージがあれば
　入力します。

7　「共有」をクリックすると、
　共有への招待メールが送信さ
　れます。

⏸ スマートフォンの場合

アプリ画面下の「ファイル」タブを開き、共有するファイルの … をタップして共有
設定を行います。

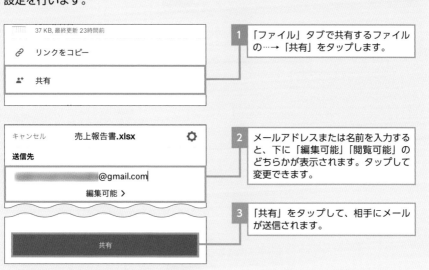

37 KB, 最終更新 23時間前

🔗 リンクをコピー

👤⁺ 共有

1　「ファイル」タブで共有するファイル
　の…→「共有」をタップします。

キャンセル　　売上報告書.xlsx　　⚙
送信先

　　　　　　@gmail.com
　編集可能 ＞

共有

2　メールアドレスまたは名前を入力する
　と、下に「編集可能」「閲覧可能」の
　どちらかが表示されます。タップして
　変更できます。

3　「共有」をタップして、相手にメール
　が送信されます。

共有フォルダーを作成する

　最初から共有するつもりのフォルダーを用意するなら、新しい共有フォルダーとして作成することができます。WebブラウザーでDropboxにアクセスし、画面左で「すべてのファイル」をクリックして画面中央でフォルダーを作る場所を選択して作成します。

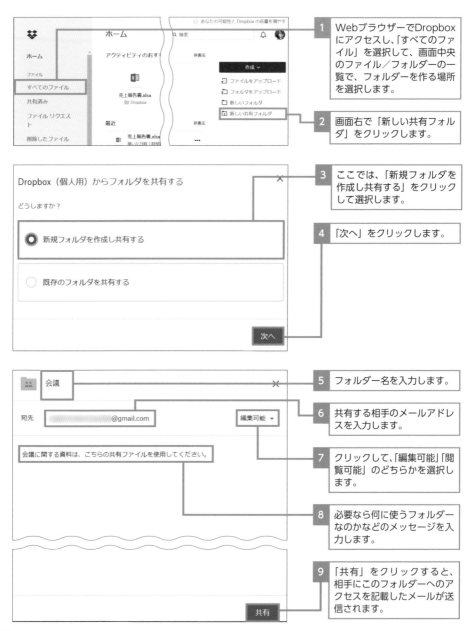

1 WebブラウザーでDropboxにアクセスし、「すべてのファイル」を選択して、画面中央のファイル／フォルダーの一覧で、フォルダーを作る場所を選択します。

2 画面右で「新しい共有フォルダ」をクリックします。

3 ここでは、「新規フォルダを作成し共有する」をクリックして選択します。

4 「次へ」をクリックします。

5 フォルダー名を入力します。

6 共有する相手のメールアドレスを入力します。

7 クリックして、「編集可能」「閲覧可能」のどちらかを選択します。

8 必要なら何に使うフォルダーなのかなどのメッセージを入力します。

9 「共有」をクリックすると、相手にこのフォルダーへのアクセスを記載したメールが送信されます。

スマートフォンでは、フォルダーを作成してから、あとで共有設定することしかできません。アプリ画面下の「作成」タブをタップして、「フォルダを作成」を選択してフォルダーを作成します。

アプリ画面下の「作成」タブ→「フォルダを作成」をタップして、フォルダーを作成します。

フォルダーを作成したら、アプリ画面下の「ファイル」タブを開き、共有するフォルダーを開きます。フォルダー名の下の「共有」をタップして、共有相手のメールアドレスを入力するP.217のスマートフォンでのファイル共有と同じ操作で共有設定が行えます。

「共有」をタップして共有設定を行います。

8

🎧 ファイル共有や共同編集に役立つクラウドストレージ

COLUMN **共有したファイルやフォルダーを一覧表示する**

共有設定したフォルダー（ファイルも）は、Webブラウザーの右のメニューの「共有済み」をクリックすると一覧表示できます。何を共有しているかがすぐにわかって便利です。

画面左の「共有済み」をクリックして共有ファイルやフォルダーを一覧表示します。

共有相手を追加／削除する

プロジェクトや案件から人が離れたり、新たな人が追加されることもあります。そんなときは共有したファイルやフォルダーのメンバーの追加／削除を行いましょう。

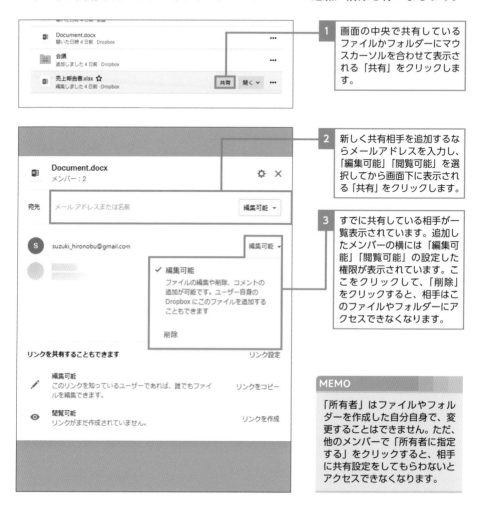

1 画面の中央で共有しているファイルかフォルダーにマウスカーソルを合わせて表示される「共有」をクリックします。

2 新しく共有相手を追加するならメールアドレスを入力し、「編集可能」「閲覧可能」を選択してから画面下に表示される「共有」をクリックします。

3 すでに共有している相手が一覧表示されています。追加したメンバーの横には「編集可能」「閲覧可能」の設定した権限が表示されています。ここをクリックして、「削除」をクリックすると、相手はこのファイルやフォルダーにアクセスできなくなります。

MEMO

「所有者」はファイルやフォルダーを作成した自分自身で、変更することはできません。ただ、他のメンバーで「所有者に指定する」をクリックすると、相手に共有設定をしてもらわないとアクセスできなくなります。

📶 スマートフォンの場合　　　✉ 🔋

アプリ画面下の「ファイル」タブを開き、ファイルやフォルダの ⋯ をタップ→「共有」をタップします。画面下に共有相手の追加画面が開くのでメンバーを追加できます。その追加画面の上の ⚙ をタップして、共有しているメンバーアイコンが並んでいるところをタップすると、メンバー一覧が表示され、「編集可能」（「閲覧可能」）をタップすると「削除」もあります。

┃ バージョン履歴を使ってファイルを復元する

　Dropboxには編集前の過去のファイルも残っているため、「編集の必要がない部分を修正してしまった」などといった場合、バージョン履歴から過去のファイルを復元することができます。

　また、「間違ってファイルを削除してしまった」といった場合も、30日以内であればファイルを復元することができます。

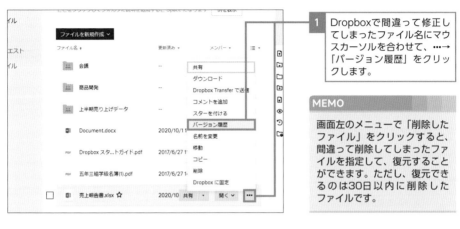

1　Dropboxで間違って修正してしまったファイル名にマウスカーソルを合わせて、…→「バージョン履歴」をクリックします。

MEMO

画面左のメニューで「削除したファイル」をクリックすると、間違って削除してしまったファイルを指定して、復元することができます。ただし、復元できるのは30日以内に削除したファイルです。

2　過去30日に行われたファイルの更新履歴が表示されます。復元したい日時にマウスカーソルを合わせて表示される「復元」をクリックすると、その時点のファイル内容に復元されます。

ファイル共有や共同編集に役立つクラウドストレージ

Dropboxのコメント機能と通知を使いこなす

ファイルにコメントを付ける

　共有したファイルをどのように編集や修正をしてほしいといったことを伝えるのに、コメント機能を使うとよいでしょう。Webブラウザーで開くとコメントが右側に表示され、メッセージのやり取りが行えます。なお、パソコンにDropboxアプリを導入したDropboxフォルダーでも、ファイルを右クリックしたメニューから「コメント表示」を選択すると、Webブラウザーでファイルを表示してコメント欄が表示されます。

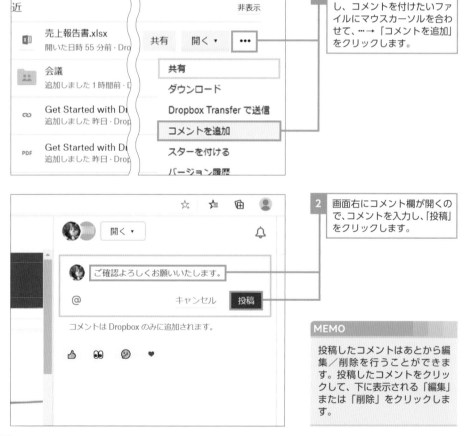

1 Webブラウザーでアクセスし、コメントを付けたいファイルにマウスカーソルを合わせて、…→「コメントを追加」をクリックします。

2 画面右にコメント欄が開くので、コメントを入力し、「投稿」をクリックします。

MEMO

投稿したコメントはあとから編集／削除を行うことができます。投稿したコメントをクリックして、下に表示される「編集」または「削除」をクリックします。

通知を確認する

　共有ファイルにコメントがあったり、編集されたり、共有フォルダーに新しいファイルがアップロードされたりすると、Webブラウザーの左側の「ホーム」をクリックしたホーム画面の、「最近」の項目に表示されるようになります。

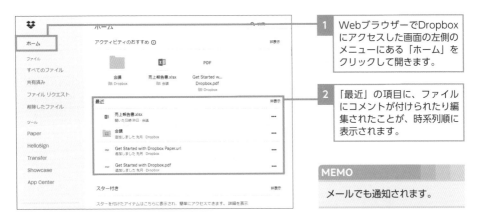

1 WebブラウザーでDropbox にアクセスした画面の左側のメニューにある「ホーム」をクリックして開きます。

2 「最近」の項目に、ファイルにコメントが付けられたり編集されたことが、時系列順に表示されます。

MEMO

メールでも通知されます。

スマートフォンの場合

アプリ画面下の「ファイル」タブを開き、コメントを付けるファイルをタップして開きます。ファイルが開くと、画面下にコメントの入力欄が表示されるので、入力して●をタップして投稿できます。

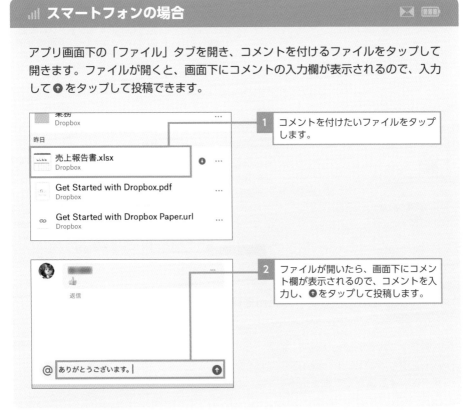

1 コメントを付けたいファイルをタップします。

2 ファイルが開いたら、画面下にコメント欄が表示されるので、コメントを入力し、●をタップして投稿します。

Chapter 8

05

Dropbox

テレワークツールと Dropboxを連携しよう

Zoomと連携する

Zoomアカウントをリンクすると、Dropboxの共有ファイルからすぐにZoomを使って会議することができます。コメントとかでは伝わりづらいニュアンスなどを会議しながら進めることで、共同作業で行き違いなどを防ぐことができます。

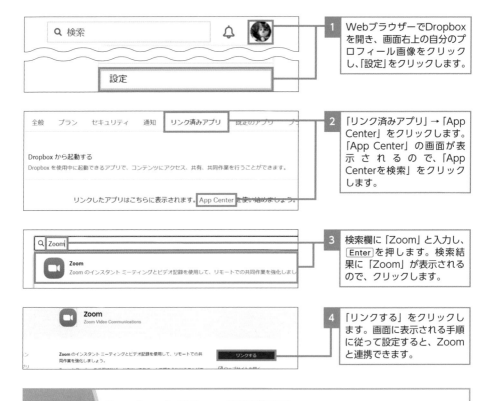

1	WebブラウザーでDropboxを開き、画面右上の自分のプロフィール画像をクリックし、「設定」をクリックします。
2	「リンク済みアプリ」→「App Center」をクリックします。「App Center」の画面が表示されるので、「App Centerを検索」をクリックします。
3	検索欄に「Zoom」と入力し、[Enter]を押します。検索結果に「Zoom」が表示されるので、クリックします。
4	「リンクする」をクリックします。画面に表示される手順に従って設定すると、Zoomと連携できます。

COLUMN **DropboxからZoomを起動する**

共有ファイルを開いた状態で、画面上部のメンバーアイコンから会議をしたいメンバーをクリックし、「Zoomでミーティングを開始」をクリックすると、Zoomが開きビデオ会議ができます。

Slack/Teamsと連携する

SlackやTeamsも、それぞれDropboxと連携することができます。連携することで、Slack/Teamsからファイルを直接追加したり、Dropboxでファイルを共有したりできるようになります。

●Slackと連携

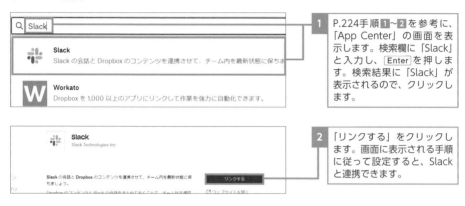

1 P.224手順1～2を参考に、「App Center」の画面を表示します。検索欄に「Slack」と入力し、[Enter]を押します。検索結果に「Slack」が表示されるので、クリックします。

2 「リンクする」をクリックします。画面に表示される手順に従って設定すると、Slackと連携できます。

●Teamsと連携

1 P.224手順1～2を参考に、「App Center」の画面を表示します。検索欄に「Microsoft Teams」と入力し、[Enter]を押します。検索結果に「Microsoft Teams」が表示されるので、クリックします。

2 「リンクする」をクリックします。画面に表示される手順に従って設定すると、Teamsと連携できます。

COLUMN **DropboxでSlackとTeamsを連携すると何ができる？**

Slackを連携すると、SlackからDropboxに保存しているファイルを相手に送付することができるようなったり、Slackで受信したファイルをSlack上でDropboxに保存できたりします。

Teamsと連携すると、Dropboxにあるフォルダーをチャネルに追加することができ、追加したフォルダーはチャネルのメンバー全員が閲覧できるようになります。

Chapter 8
06
OneDrive

OneDriveで
ファイルを共有しよう

ファイルを共有する

　Windows 10では最初からOneDriveアプリがインストールされているので、本書ではアプリ版（エクスプローラーと連携）を中心に解説をします。

　OneDriveでファイルを共有するには、OneDriveフォルダーのファイルを共有する操作だけで行うことができます。なお、共有相手はOneDriveにサインインしなくても閲覧などは行えますが、編集するにはOneDriveにサインインしている必要があります。共有相手をあとから追加したい場合も、共有と同じ手順で行うことができます。

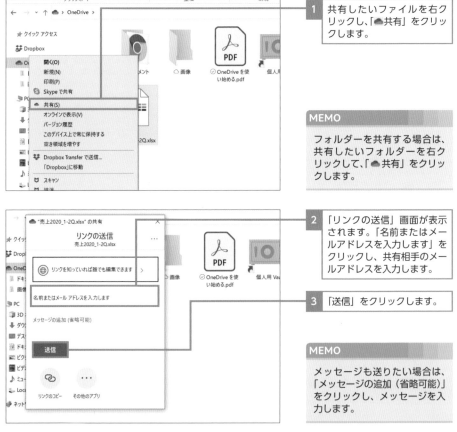

1 共有したいファイルを右クリックし、「●共有」をクリックします。

MEMO

フォルダーを共有する場合は、共有したいフォルダーを右クリックして、「●共有」をクリックします。

2 「リンクの送信」画面が表示されます。「名前またはメールアドレスを入力します」をクリックし、共有相手のメールアドレスを入力します。

3 「送信」をクリックします。

MEMO

メッセージも送りたい場合は、「メッセージの追加（省略可能）」をクリックし、メッセージを入力します。

4 P.226手順**2**で入力したメールアドレス宛に共有リンクが送信されます。

鈴木 ひろみ (さん) がファイルをあなたと共有しました

ファイルを共有しますので、お目通しください。

売上2020_1-2Q.xlsx

開く

5 送信相手に、「○○さんが"○○"をあなたと共有しました。」という件名のメールが送信されます。OneDriveのアカウント（Microsoftアカウント）があれば、「開く」をクリックして、Webブラウザーで共有ファイルが表示されます。

> MEMO
>
> 共有したファイルには、 ♔ が表示されます。

8 ❸ ファイル共有や共同編集に役立つクラウドストレージ

COLUMN **共有先がOneDriveにサインインせずに閲覧するには**

P.226手順**2**の画面で「リンクを知っていれば誰でも編集できます」をクリックします。「リンクの設定」画面で「編集を許可する」のチェックを外して「適用」をクリックして、手順**2**以降を行うと、共有相手はOneDriveにサインインしていなくても、共有ファイルを閲覧、コピー、ダウンロードをすることができます。

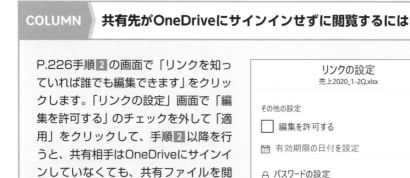

リンクの設定
売上2020_1-2Q.xlsx

その他の設定

☐ 編集を許可する

📅 有効期限の日付を設定 　 ＋

🔒 パスワードの設定 　 ＋

適用　　キャンセル

📶 スマートフォンの場合

アプリ画面下の「ファイル」タブを開き、共有したいファイルまたはフォルダーの右にある … をタップし、「共有」→「知り合いを追加」（Androidでは「ユーザーの招待」）をタップします。「共有する相手」の下（Androidでは「共有するメールを追加する」をタップして）に共有相手のメールアドレスを入力し、「追加」（Androidでは ➤）をタップするとファイルが共有されます。

Chapter 8

07

OneDrive

Webブラウザーから OneDriveを使おう

Webブラウザーでファイルをアップロードする

バージョン履歴など、エクスプローラーではできない機能を使うにはWebブラウザーからOneDriveを使いましょう。WebブラウザーからはDropboxと同じような操作で行うことができます。WebブラウザーでOneDriveにアクセスして、サインインの画面が表示されたら、Microsoftアカウントでサインインしましょう。

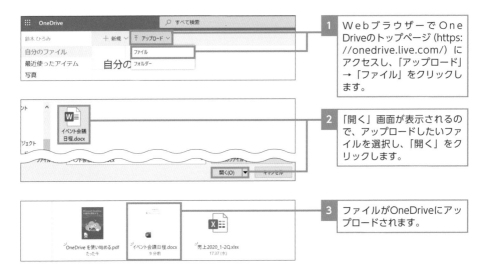

1 WebブラウザーでOne Driveのトップページ (https://onedrive.live.com/) にアクセスし、「アップロード」 → 「ファイル」をクリックします。

2 「開く」画面が表示されるので、アップロードしたいファイルを選択し、「開く」をクリックします。

3 ファイルがOneDriveにアップロードされます。

COLUMN Webブラウザーでファイルをダウンロードする

WebブラウザーでOneDriveに保存しているファイルをダウンロードするには、ダウンロードしたいファイルにマウスポインターを合わせ、ファイルの右上をクリックしてチェックを付けます。画面上部に表示される「ダウンロード」をクリックすると、パソコンの「ダウンロード」フォルダーにダウンロードされます。

Webブラウザーでファイルを共有設定する

　Webブラウザーからもファイルの共有設定はできます。Webブラウザーで OneDriveにサインインして行います。

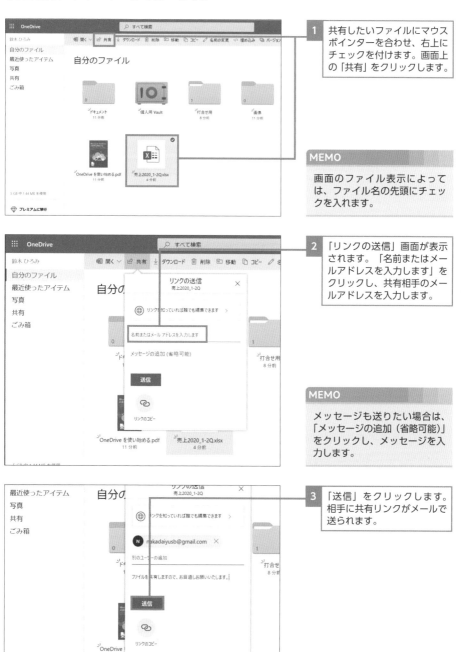

1 共有したいファイルにマウスポインターを合わせ、右上にチェックを付けます。画面上の「共有」をクリックします。

MEMO

画面のファイル表示によっては、ファイル名の先頭にチェックを入れます。

2 「リンクの送信」画面が表示されます。「名前またはメールアドレスを入力します」をクリックし、共有相手のメールアドレスを入力します。

MEMO

メッセージも送りたい場合は、「メッセージの追加（省略可能）」をクリックし、メッセージを入力します。

3 「送信」をクリックします。相手に共有リンクがメールで送られます。

8

ファイル共有や共同編集に役立つクラウドストレージ

229

Webブラウザーから Office ファイルを編集する

　Webブラウザー版 OneDrive からも Office ファイルを開くことができます。クリックして、ファイルを開いたときに起動するのはアプリ版 Office ではなく、Web版 Office です。

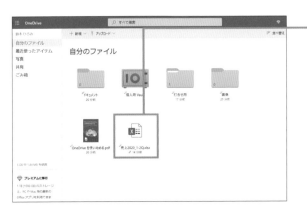

1 Webブラウザーで One Drive にサインインし、編集したい Office ファイルをクリックします。

2 Web版 Office でファイルが開き、編集することができます。なお、編集した内容は自動保存されます。

📶 スマートフォンの場合

アプリ画面下部の「ファイル」タブを開き、Office ファイルをタップし、画面上部（Android では右下）に表示される Office アプリのアイコンをタップするとファイルの編集ができます。なお、あらかじめ Office アプリをインストールしておく必要があります。

COLUMN　Web版 Office から共有相手を追加する

Web版 Office で Office ファイルを開いた状態で、「ファイル」→「共有」→「ユーザーと共有」をクリックして、共有相手にリンクを送信して共有相手を追加できます。

バージョン履歴を使ってデータを復元する

　Webブラウザー版OneDriveでは、Dropboxと同様にバージョン履歴から以前のデータを復元できます。間違ってデータを編集し、上書きしてしまった場合に活用しましょう。

　また、間違って削除してしまったファイルは、画面左のメニューの「ゴミ箱」に移動しています。ゴミ箱を空にしない限り、無料版OneDriveでも30日間は復元できます。

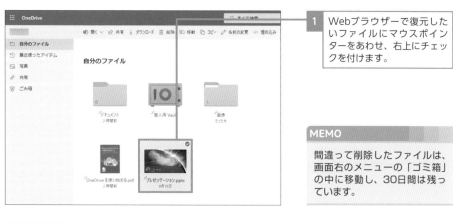

1 Webブラウザーで復元したいファイルにマウスポインターをあわせ、右上にチェックを付けます。

MEMO

間違って削除したファイルは、画面右のメニューの「ゴミ箱」の中に移動し、30日間は残っています。

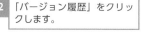

2 「バージョン履歴」をクリックします。

3 日時を確認し、復元したいバージョンをクリックします。

アクティビティで状態を確認する

　共同作業をしていると、ファイルに誰がどういった操作を行ったのかといったことを確認したいこともあります。そういった場合は、ファイルのアクティビティ（操作・作業履歴）を確認しましょう。なお、アクティビティはファイルだけでなく、フォルダーでも確認することができます。

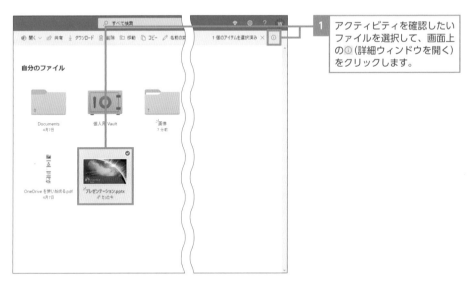

<table>
<tr><td>1</td><td>アクティビティを確認したいファイルを選択して、画面上の①（詳細ウィンドウを開く）をクリックします。</td></tr>
</table>

<table>
<tr><td>2</td><td>画面右に詳細画面が開きます。「アクティビティ」の項目に、このファイルに最近行われた操作が履歴として表示されます。</td></tr>
</table>

MEMO

アクティビティではコメントを入れることもできます。ただし、Officeファイルにはコメントができません。Officeファイルのコメントはアプリの機能を使うことになります。

OneDriveの初期設定では、相手がファイルを共有したときや、共有したファイルが編集されたときに自動的に通知されます。通知内容は、他のユーザーがファイルの編集を始めた際にアクションセンターで通知され、ファイルに変更されたときにはメール（Outlook）で通知がされます。

なお、通知内容は設定で変更できます。タスクバーの通知領域にある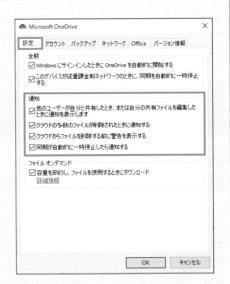（OneDrive）アイコンを右クリック→「設定」を選択します。ダイアログボックスが開くので、「設定」パネルにある「通知」の項目で設定しましょう。

Teamsでやり取りをしているファイルは2種類の保存先があります。ビデオ会議中にチャットで共有されたファイルは、TeamsでサインインしているMicrosoftアカウントのOneDriveに保存されます。チャネル上でメンバーと共有しているファイルはTeamsで保存されています。OneDriveとTeamsで使うことのできるストレージには限りがあるので、容量の大きいファイルを頻繁にやり取りする際は気を付けましょう。

また、OneDriveはSlackと連携することもできます。Slackと連携させると、Slack上でOneDriveのファイルを共有することができます。

なお、2020年9月現在では、OneDriveとZoomを連携させることはできません。

8

ファイル共有や共同編集に役立つクラウドストレージ

INDEX

Zoom

Chapter 5

INDEX

Slack

Chapter 6

Microsoft Teams

INDEX

クラウド   Chapter 8

著者プロフィール

岡田真一 （おかだしんいち）

ウェブ制作会社でウェブエンジニアとして活動後、Web系の会社でアプリ開発に従事。現在はフリーランスとしてアプリ開発やウェブ制作のエンジニアをしながら、テクニカルライターの活動もはじめている。早くからクライアント企業とオンラインでのミーティングや、協働での開発などを行ってきており、各種ツールを使ったオンラインでのコミュニケーションを快適に、効率的に進める豊富な経験を持っている。

・**本書へのご意見・ご感想をお寄せください。**
URL：https://isbn2.sbcr.jp/08040

Zoom・Slack・Teams
ズーム　　スラック　　チームズ
テレワークに役立つ教科書
やくだ　　きょうかしょ

2020 年　10 月 30 日　初版第 1 刷発行

著者 ···························· 岡田真一
おか だ しんいち

発行者 ······················· 小川 淳

発行所 ······················· SB クリエイティブ株式会社

　　　　　　　　　　　　〒106-0032 東京都港区六本木 2-4-5

　　　　　　　　　　　　https://www.sbcr.jp/

印刷・製本 ················· 株式会社シナノ

カバーデザイン ·········· 米倉 英弘（細山田デザイン事務所）

編集協力 ····················· 土本寛子、橋本史郎

Printed in Japan ISBN 978-4-8156-0804-0